寒冷地区居住建筑体形设计参数与建筑节能的定量关系研究

Study on Quantitative Relationship of the Design Parameters of Residential Buildings and Building Energy Efficiency in Cold Regions

张海滨　著

中国建筑工业出版社

图书在版编目（CIP）数据

寒冷地区居住建筑体形设计参数与建筑节能的定量关系研究/张海滨著. —北京：中国建筑工业出版社，2016.12

ISBN 978-7-112-20083-2

Ⅰ. ①寒… Ⅱ. ①张… Ⅲ. ①寒冷地区-住宅-建筑设计-关系-节能-研究 Ⅳ. ①TU241.99②TU111.4

中国版本图书馆 CIP 数据核字（2016）第 273392 号

本书从目前我国居住建筑节能设计的实际状况出发，采用理论分析、计算机模拟、实际工程检测等方法相结合，深入探讨了寒冷地区居住建筑的能耗特点以及建筑体形设计参数与节能的定量关系，并在模拟实验的基础上开发出用于比较建筑节能效果的软件，提出了居住建筑节能体形优化设计策略。

本书可供建筑设计人员及有关专业师生参考。

责任编辑：许顺法
责任设计：李志立
责任校对：王宇枢　焦　乐

寒冷地区居住建筑体形设计参数
与建筑节能的定量关系研究
张海滨　著
*
中国建筑工业出版社出版、发行（北京海淀三里河路 9 号）
各地新华书店、建筑书店经销
霸州市顺浩图文科技发展有限公司制版
北京云浩印刷有限责任公司印刷
*
开本：787×1092 毫米　1/16　印张：7¾　字数：192 千字
2017 年 5 月第一版　　2017 年 5 月第一次印刷
定价：**25.00** 元
ISBN 978-7-112-20083-2
（29527）

前　言

随着世界能源问题的日益严重，节能研究，尤其是针对建筑节能的研究已成为全球各界共同关注的主题。目前，世界各国均对建筑节能进行了深入的研究，在建筑新材料、新工艺、新的建筑构件及构造方式以及新能源等方面都有了很大的发展，但是缺少在考虑太阳辐射因素对能耗的影响的情况下，对建筑的节能体形设计的研究。研究建筑体形设计参数与节能的定量关系，可以促进建筑节能设计理论的发展，能够在建筑方案阶段就很好地控制节能效果，这将十分有利于整个节能设计工作的开展。

本书首先分析了寒冷地区居住建筑体形设计的特点，提取出对建筑节能具有影响的建筑体形设计参数——平面形状、平面长度、宽度以及建筑高度，并选择天津市已建成的住宅进行调研，对得到的设计参数进行阈值确定。

其次，通过对目前主流能耗模拟软件的对比分析，确定选择 DesignBuilder 软件对居住建筑设计参数与能耗的关系进行模拟研究，并结合该软件的特点，对能耗模型的边界条件及模拟方法进行确定。

再次，分别以住宅平面形状、平面长度、平面宽度以及建筑高度为变量，进行能耗模拟实验。采用统计学的方法，对模拟结论进行回归分析，对相应的变量进行方差分析，得到建筑能耗随设计变量的变化趋势、各个变量对能耗的影响程度以及与能耗的定量关系式。

然后，综合之前得到的所有能耗模拟数据，得出表示平面长度、宽度、建筑高度与能耗关系的函数关系式，以达到最小能耗为条件，求出最有利节能的各设计参数的取值，并用窗墙比、围护结构传热系数对得到的体形进行约束。按照得出的定量关系式，开发“居住建筑节能体形优化设计系统”，用于对住宅设计方案进行节能效果判断。

最后，对天津市既有住宅进行现场能耗检测，并采用“居住建筑节能体形优化设计系统”进行节能效果对比，分析四种数据的差异性，验证建筑节能设计系统的可靠性。

目　　录

第一章　绪　　论

1.1　研究背景

1.1.1　建筑节能现状

20 世纪 70 年代初，出现了全球石油危机，而后能源问题引起全球重视，它被列为人类面临的除粮食、人口、环境之外的四大问题之一。世界能源的总消耗量随着人类消费的飞速增长而有增无减，常规能源已经面临枯竭。另外，资源分布的不均衡让人们越来越意识到能源问题的严重性和长期性。

为此，各个国家纷纷进行研究，针对能源危机采取相应的对策，节约常规能源成为很多国家的主要执行措施，而且取得了比较明显的效果。“节能”已经被称为石油、煤炭、天然气、核能之外的第五大能源。

在全球日益增长的能源消耗中，无论是发展中国家还是发达国家，建筑能耗均在社会总能耗中占据很大的比例。建筑能耗是指从建筑材料生产加工、建筑施工、建筑正常使用，一直到建筑拆除的全过程能耗。其中比重最大的是建筑日常运转能耗，约占 80%以上，主要为空调、采暖、照明、热水、炊事、洗衣等用能。随着各个国家工业化和人民生活水平的提高，建筑的蓬勃发展，尤其是居住建筑的迅速发展，建筑耗能占国家总能耗的比重将越来越大。根据相关的调查统计，发达国家的建筑能耗占国家总能耗的 30%～45%，如日本约为 30%，美国约为 35%。因此，很多国家都把建筑节能作为节能工作的重点。

据相关统计，2008 年，我国总的建筑能耗为 6.55 亿吨标准煤，相比 1996 年的总建筑能耗 2.59 亿吨标准煤增加了约 1.5 倍。2008 年的建筑能耗占社会总能耗的 23%，其中电力消耗为 8230 亿 kW·h，约占 2008 年社会总电耗的 21%。1996～2008 年，我国北方城镇建筑面积由不到 30 亿 m^2 增长到超过 88 亿 m^2（图 1-1），其中住宅面积已经超过 50 亿 m^2，数量相当庞大，2008 年，北方城镇采暖能耗占到建筑总能耗的 23%。

目前，我国正在迅速发展，人民生活水平正逐步提高，人们对居住环境的要求日益提高，因此，居住建筑必须严格根据相关规范标准实行建筑节能。我国建筑节能的形势十分严峻，国家对此也给予了极大的重视，开展了大量的工作，相继颁布了一系列居住建筑设计标准和规范、规定。国家在 1986 年颁布了《民用建筑节能设计标准（采暖居住建筑部分）》JGJ 26—1986，首次对民用建筑节能制定规范；1995 年，国家对之前的规范进行修编，实行新的《民用建筑节能设计标准（采暖居住建筑部分）》JGJ 26—1995；在 2000 年，国家针对建筑节能的管理工作，发布了《民用建筑节能管理规定》；2001 年，国家颁

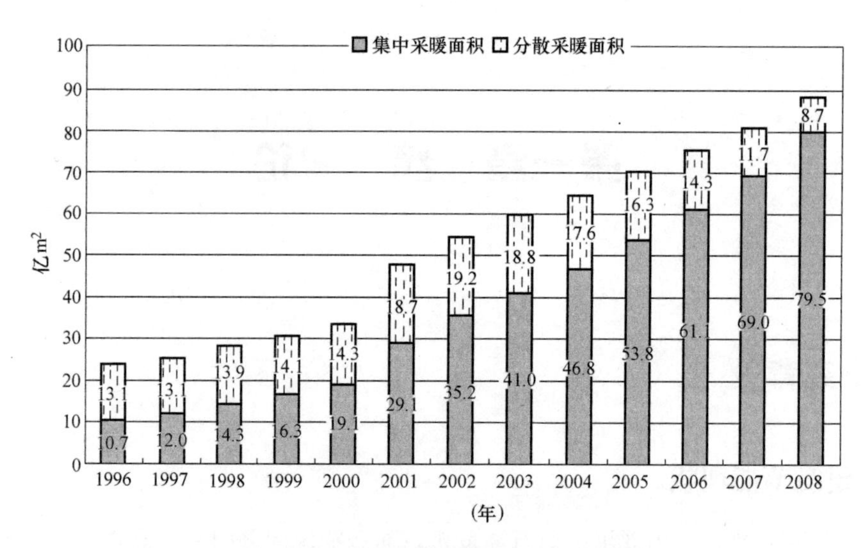

图 1-1　北方城镇建筑面积的逐年变化

图片来源：参考文献［2］P7

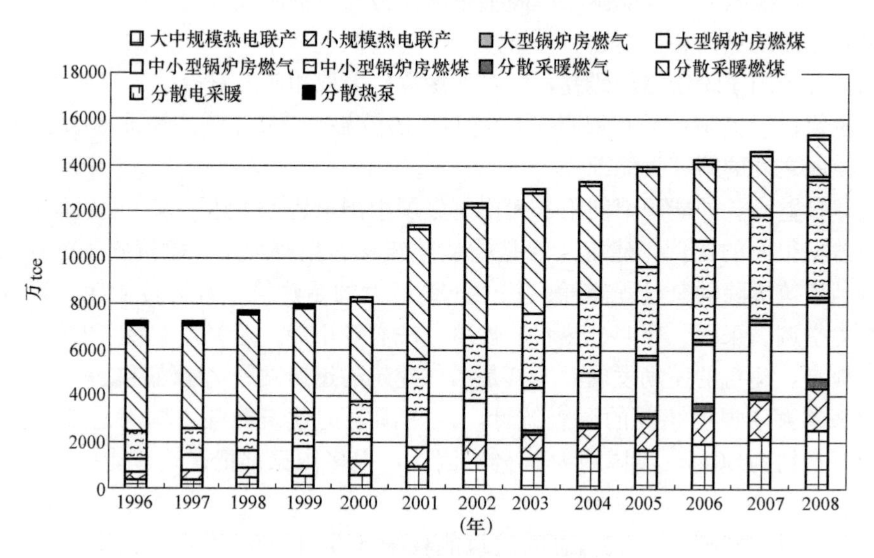

图 1-2　北方城镇采暖用能逐年变化情况

图片来源：参考文献［2］P6

布了针对夏热冬冷地区的行业标准——《夏热冬冷地区居住建筑节能设计标准》JGJ 134—2001；2003 年，颁布了针对我国夏热冬暖地区的行业标准——《夏热冬暖地区居住建筑节能设计标准》JGJ 75—2003；2006 年原建设部修订了新一版的《民用建筑节能管理规定》；2008 年，国家颁布了《民用建筑节能条例》；2010 年，国家颁布了新的《严寒和寒冷地区居住建筑节能设计标准》JGJ 26—2010。和《夏热冬冷地区居住建筑节能设计标准》JGJ 134—2010。同时，国家采取了针对建筑节能、有利节能推广的产业政策，加快了节能技术的研究。但居住建筑节能的推广应用工作仍然有诸多的不足，我国目前现有建筑中的绝大多数仍为高能耗建筑，居住建筑节能工作仍存在很多问题，形势不容乐观，要真正达到期望的节能效果还需要进行大量的工作。

1.1.2 建筑节能设计现状

目前我国的建筑节能设计涉及众多的技术领域，从建筑体形及围护结构设计到空调系统、照明系统设计，从建筑结构设计到建筑材料、建筑运行方式管理，无不涉及建筑节能的理念与意识。现有的众多建筑节能手段和设计手法，主要集中于对建筑新材料、新构造、新施工工艺以及新的能源供给方式比如太阳能、地源热泵等新技术的研究开发，但是对建筑方案设计阶段的节能设计却鲜有关注，甚至很多建筑师认为建筑节能就是简单地在建筑构造、新能源的选择上采取些措施即可。恰恰相反，在建筑设计中提高建筑师的主观能动性，加强在建筑方案设计阶段的节能设计，对于提高建筑的节能效果具有很大的作用。

当前我国实行的建筑设计节能标准《夏热冬冷地区居住建筑节能设计标准》JGJ 134—2010 与《严寒和寒冷地区居住建筑节能设计标准》JGJ 26—2010 中对建筑节能的强制性要求是通过对建筑体形系数、窗墙比、建筑围护结构热工设计以及采暖、通风、空调调节系统设计的参数指标进行限制来实现的，这些参数指标都体现在建筑设计阶段的末端，无法真正发挥建筑师在节能设计中的积极作用。虽然建筑体形系数或者窗墙比的设计一定程度上反映在方案设计阶段，但是这仅仅是对设计结论的约束，无法真正指导建筑师的设计，无法让建筑师在方案设计中更灵活地运用节能手段。

我国建筑设计领域（包括居住建筑和公共建筑），对于建筑节能的要求仅体现在初步设计阶段，在方案设计和施工图设计阶段皆没有具体要求，而对建筑能耗的评价则是在建筑施工过程中或者建成交付使用后进行，无法真正解决建筑节能的问题。在建筑方案设计过程中，配合建筑师的方案创作，在进行建筑设计的同时进行节能设计，将会取得技术和艺术两方面的突破，实现二者真正的交融。

1.2 国内外研究动态

早在 20 世纪 50 年代，国内外的一些学者就相继开始了对居住建筑节能设计及相关领域的研究工作。这些研究主要集中在行业标准的制定、居住建筑围护结构热工性能研究（不含外窗）、居住建筑外窗节能设计研究、居住建筑节能检测与评价研究、建筑体形节能设计研究等方面。

1.2.1 居住建筑围护结构节能设计研究（不含外窗）

由于采暖、空调能耗在建筑日常运转能耗以至整个建筑能耗中占的比重很大，外围护结构热工性能的研究自然就成为了许多国家建筑节能工作的重点。丹麦在 1977 年和 1982 年两次修改了规范对建筑各部位热损失值的规定，1982 年，在规范中对建筑各部位的材料、构件都作了具体规定。1992 年，Barozzi 建立了二维模型模拟屋顶太阳能烟囱的被动冷却效果，并以 1∶12 的小模型进行了实验验证。同年 Kossecka 等人开始研究房间的结构特性对热工性能的影响，重点研究了中、重型墙体结构的能耗，分析了不同复合墙体下的建筑能耗影响因素。2000 年，Bouchlaghem 提出通过建筑围护结构设计来优化建筑物的热工性能，从而达到节能与舒适的最佳效果。作者提出了在给定的条件下，什么是使热舒适偏离最小的热工设计指标。2006年，Collet等研究得出，传统的土墙具有较高的热工性能，应该被用在现代建筑中。同年，Lollini等研究了意大利新建居住建筑在冬季热负荷条件下，围护结构各个构件最佳保温层的传热值，重点讨论了采用不同厚度材料的经济效益问题。2008年，Utama和Gheewala对印度尼西亚居住建筑围护结构的能耗构成进行了研究，分析了不同围护结构构件材料与空调系统能耗之间的关系。

我国对建筑围护结构节能的研究工作开始于80世纪80年代，并一直将其作为国内生产企业和科研机构在建筑节能研究中的重点。90年代，重庆大学的陈启高就针对建筑墙体的热湿传递进行了研究，并编著了《建筑热物理基础》。2000年，余力航、杨星虎介绍了上海地区坡屋面保温层的设计技术，包括构造方法、保温材料选用以及保温层厚度计算与确定，并且提出了可供选用的多种保温材料的最小厚度。2003年，孙洪波针对夏热冬冷地区的气候特点，着重探讨了居住建筑西山墙面遮阳隔热设计，以降低“西晒”的影响。2004年，清华大学的薛志峰、江亿对北京市大型公共建筑用能状况与节能潜力进行了分析，同时对北京市的住宅、普通公共建筑的用能现状与节能途径进行了分析。2007年天津大学的徐晓丽采用CFD技术对天津地区居住建筑常用的复合墙体——太阳墙及双层通风玻璃幕墙进行分析，并在Matlab仿真分析的基础上，设计了建筑内人工冷热源智能控制系统。2008年，重庆大学的丁小钟、王沛对夏热冬冷地区居住建筑围护结构的保温构造进行了研究，采用计算机模拟分析的方法，重点对双层保温构造进行了研究。2009年，西安建筑科技大学的桑国臣针对西藏拉萨地区居住建筑的特点，建立了数学物理模型，从集热、蓄热、保温、热量分配等方面，对低能耗居住建筑的构造体系进行研究。2009年，湖南大学的于靖华等人针对夏热冬冷地区居住建筑围护结构整体热工性能，提出了围护结构EETP评价指标，分析了上海、长沙、韶关、成都四个城市的诸多居住建筑的围护结构，提出了全寿命周期围护结构经济性分析及能效标识体系。2010年，武汉理工大学的王乾坤、万畅利用计算机仿真技术对武汉的三栋建筑进行了能耗模拟计算，分析了建筑围护结构的节能潜力。2010年，华南理工大学的Masoud Taheri以伊朗的居住建筑为例，采用实验室测量和软件模拟的方法对采用保温材料的新型墙体进行了研究，并根据现场实际建筑测试的结果，得出了新型外墙的节能特点。

1.2.2 居住建筑窗体节能设计研究

居住建筑外围护结构的改进包括外窗性能的改进。美国劳伦斯·伯克利国家实验室对外窗的长期研究已取得了令人瞩目的成就，1982年Rubin研究了玻璃传热计算模型和玻璃光学性能计算模型，并开发出计算程序，研发出多种相关的计算软件，包括用于整个建筑能耗模拟的DOE-2和EnergyPlus，专门用于外窗热工性能模拟的Window及专门用于窗户玻璃光学性能模拟的Optics等计算软件，建立了玻璃的光学性能数据库NFRC 300，这些软件的开发及数据库的建立对于用户选用节能窗和玻璃、生产厂家开发新型节能窗和玻璃产品以及建筑设计工程师和科研工作者都有着重要的意义。2001年Baird研究了普通玻璃传热及光学性能的计算，得到了比较广泛的认可，但对于覆膜单层玻璃的理论计算，全球学者尚未取得共识，还在进一步探索中。美国劳伦斯·伯克利国家实验室的

Klems 等人在 ASHRAE 研究课题的资助下，从理论上推导出了内遮阳和外遮阳的太阳辐射得热系数（SHGC）的详细计算公式，并测试了复杂遮阳系统的双向光学性能。Wright 等人在 1997 年推导出了玻璃之间的遮阳设施的太阳辐射得热系数的理论计算公式。2007 年，荷兰学者 R. Bokel 通过对朝阳面外窗对建筑节能的影响的研究，建立了外窗位置、尺寸、外形与建筑全年制冷、供热能耗的函数关系。

2002 年我国颁布了建筑外窗保温性能、采光性能、气密性能和水密性能分级及其检测方法的标准，并在 2008 年进行了修编，原建设部标准定额研究所对门窗节能分级与认证标识体系进行了系统的研究，并取得了许多研究成果。重庆大学的董子忠对炎热地区外窗得热、窗户热工性能以及外窗遮阳进行了较为详尽的研究，得出了窗户得热的简化计算方法。2003 年浙江大学的张雯采用 DOE-2 软件对杭州市居住建筑外窗的能耗进行模拟计算，得出了外窗节能设计的要点，并归纳了影响因素。深圳市建筑科学研究院的卜增文与清华大学的杨云桦等人都模拟分析了不同气候条件下 Low-E 玻璃的传热系数和遮阳系数对空调负荷和能耗的影响。天津大学的解勇等人分析了不同地区内遮阳在居住建筑中的节能效果。北京工业大学的简毅文等人采用 DeST 软件分析了不同朝向下，窗墙比参数对建筑全年供暖能耗、全年空调能耗以及全年总能耗的影响规律。湖南大学的方珊珊采用能耗模拟软件 eQUEST，对北京、长沙、深圳三个地区的居住建筑的外窗玻璃性能、外窗朝向、窗墙比及建筑朝向进行了深入研究。天津大学的王立群对北方寒冷地区居住建筑外窗窗框、玻璃、通风、气密性的节能设计进行了研究，并就外窗与太阳辐射的关系进行了深入研究。

1.2.3 居住建筑节能检测与评价

居住建筑节能检测方面，1976 年英国开始对建筑物的能耗进行调查，而美国那时已经由华盛顿的国家标准局开始对建筑能耗进行调查，对已经存在的建筑进行建筑节能改造。希腊用 5 年的时间对 1200 栋建筑进行了节能测试与节能潜力研究，包括宾馆、办公楼、商业建筑、学校、康复中心；印度对首都新德里的 50 余栋 5～10 层办公楼进行能耗调查后提出了节能措施；美国则建立了建筑能耗统计数据库，并且可用简单的方法使能耗数据一目了然；加拿大和美国能源部合作开发了设备使用和更新数据库软件，为住宅建筑能耗模拟提供了科学可靠的方法。1989 年开始，以建筑节能专家涂逢祥为首的“中国建筑节能经济技术政策研究组”，对我国北方采暖地区和长江沿岸的重庆、宜昌、武汉、南京四个城市的建筑热环境与能耗状况进行了调查，得到了城市单位建筑面积能耗数据，是我国历史上最早的全方位建筑能耗调查研究。1990 年沈阳建筑工程学院对东北地区的建筑能耗进行了调查，为建筑节能研究工作提供了充分的理论依据，并从中得到了有效的建筑节能途径。1992 年，哈尔滨建筑大学对嵩山小区进行了住宅供暖能耗测试，并对其进行了评价，提出了嵩山小区的综合节能规划和设计运行的方案。2004 年华中科技大学的杨红等人分析了目前建筑保温墙体热工测试的方法，提出了科学完善的测试方法，即墙体传热系数现场测试和红外线诊断墙体热工缺陷两种方法相结合的现场测试手段，用以评价建筑的节能效果。2005 年哈尔滨工程大学的孙刚、马刚通过对哈尔滨地区的居住建筑进行节能检测，对建筑耗热量、外墙主体部位传热系数及不稳定传热进行了分析。2006 年西安建筑科技大学的田斌守、闫增峰等人用数值分析的方法对传热过程进行模拟研究，提出了一套建筑围护结构传热系数检测装置，并采用实验室热箱法和现场测试的方法进行了验证。2009 年耿雷、秦宪明等人在分析居住建筑节能检测和能效评价的必要性的基础上，采用计算机模拟技术，并结合现场测试数据提出了居住建筑能效评价的一种新方法。2010 年天津大学的李胜英采用热流计法和红外热像仪相结合的方法，研究了针对建筑外围护结构的热工缺陷、隔热性能、气密性、热桥部位温度等方面的检测方法。

居住建筑节能评价方面，1993 年英国建筑研究部和英国环境、食品与农村事务部共同开发了针对英国住宅建筑能耗标识的标准评价程序，它是一套关于住宅采暖、照明、通风、卫生热水的能耗计算方法。经过 1998 年和 2001 年的修改，现在最新的版本是“标准评价程序 2005”。由美国环保署和能源部共同开发的美国能源计划项目——能源之星，旨在对住宅建筑进行节能指导。2004 年国际住宅规范提供了两种住宅能效评价方式，为 3 层及 3 层以下的居住建筑提供了最低的建筑能耗综合标准。国内于 2001 年由清华大学的聂梅生、秦佑国、江亿等人编著的《中国生态住宅技术评估手册》。是我国第一部生态住宅评估标准，2002 年、2003 年、2007 年相继出版了该手册的第二版、第三版和第四版，第四版的名称改为《中国生态住区技术评估手册》。2003 年由清华大学、中国建筑科学院、北京市建筑设计研究院等科研机构、院校共同开发了绿色奥运建筑评价体系，这是国内第一个有关绿色建筑方面的评价、论证体系。2005 年国家颁布了《绿色建筑评价标准》及《住宅性能评定标准》，对住宅建筑的综合性能进行评定。2003 年同济大学的陈岩松以物质和能量流动线索建立了住宅建筑节能评价方法，从太阳辐射、通风、水资源利用、电力系统、建筑材料、新能源系统六个方面建立了评价的父因子和子因子，对住宅建筑进行评价。同年，中南大学的丁力行等人以夏热冬冷地区建筑节能设计标准为主要参考，构建了一个包含 17 个指标的居住建筑节能评价指标体系。2004 年东南大学的傅秀章提出在住宅建筑能耗模拟的基础上进行节能评价。2005 年清华大学的江亿院士等人在提出了基于建筑能耗模拟的住宅建筑能耗标识体系。2006 年天津大学的尹波从政府管理的角度对建筑能效标识进行了研究。孝感学院的王建华所建立的一套 19 个指标的 3 层建筑综合节能评价指标偏重于建筑围护结构热工性能。2007 年沈阳建筑大学的丛娜等人提出了一套 19 个指标的建筑节能综合评价指标体系。2009 年重庆大学的杨玉兰以 Delphi 作为开发工具，开发出了基于 Windows 的夏热冬冷地区居住建筑节能评价和能效标识软件工具。华中科技大学的薄海涛针对建筑外墙外保温系统进行耐久性分析和评价，提出了一套相关的方法。

1.2.4 居住建筑体形与节能

1989 年瑞士的 Faist 等人根据不同的建筑主题提出了一个完整的设计系统，其中包括与节能相关的建筑结构设计，电气设备和成本估算等数据输入。2001 年波兰的 Hanna 等人为了提升私人住宅及公寓的节能水平，通过优化建筑物的外围护结构、建筑平面形状以及建筑采暖系统，达到建筑节能的目的，其中采用数学分析的方法研究了矩形和梯形平面的节能设计对比，得到了建筑平面尺寸跟节能的影响关系式。2002 年 G. A. Florides 等人用 TRNSYS 软件对一个典型建筑的通风、遮阳和各种形式的外窗、朝向以及墙体进行了综合模拟分析，强调了建筑保温隔热研究的重要性。在对建筑朝向的研究中指出，从节能的角度出发，长方体的建筑长边以南北向最为合理。2006 年加拿大的 Weimin Wang 等人采用遗传算法（Genetic Algorithm）研究了在绿色建筑设计中建筑平面形状对建筑性能的影响，通过建立模型，探讨了由于建筑平面具有很大的可变性，而产生的对建筑性能的影响的多种变化。2010 年意大利的 Eddine 等人采用方差分析的方法，研究了办公建筑概念设计阶段各个设计变量对建筑节能的贡献度，以指导建筑师更好地进行建筑节能设计 。作者以意大利五个典型城市的建筑为例，提取出影响节能的六大因素——体形系数、表面积系数、太阳辐射系数、外遮阳系数、建筑朝向以及建筑内部有效热容量，得出：这几个因素对建筑的采暖和空调能耗的影响显著不同，对采暖能耗影响最大的是体形系数，影响比率为 0.54～0.69，而对建筑空调能耗影响最大的是表面积系数，影响比率为 0.8 以上，影响最小的因素为建筑外遮阳系数，影响比率仅有 0.07。

在 20 世纪 80 年代，我国著名的建筑物理学家胡璘对住宅和公共建筑的建筑平面、体形和朝向与节能的关系进行了研究，得出：从减少建筑外露面积的角度考虑，圆柱形建筑节能效果最佳。另外，通过分析建筑体形、高度、体形系数三者的对比关系，得出：最经济实用的板式住宅的层数为 4～6 层，进深为 9～13m，住宅长度为 25～50m。最后分析建筑朝向与节能的关系，得出住宅平面以南北朝向为最有利。

1983 年冯永芳和向松林对建筑体形系数和建筑能耗的关系进行了研究，提出："建筑节能与否不只与建筑物的外露面积有关，还同时与建筑围护结构热工性能以及建筑内部各种负荷有关。"作者采用能耗计算的方法，得到了理想节能建筑体形为边长 $\sqrt[3]{2V}$、高度 $\sqrt[3]{V/4}$（V 为建筑体积）的正方体，并得出：理想节能建筑体形不仅要有较小的外露面积，并且应该使该建筑围护结构热工性能较差的部位的面积减小到最小。另外，通过改变建筑体形参数，探讨与建筑节能效果的相互关系，得出了建筑能耗指标与建筑体积的立方根成反比，多层建筑有利于节能等结论。

1990 年清华大学建筑学院的蔡君馥等人在对北京、西安、哈尔滨三个地区常用的条形居住建筑在不同体量下的传热耗热量指标进行计算分析的基础上，得出了住宅建筑体量增加与单位建筑面积热耗下降的关系曲线，并得到以下结论：

（1）单幢建筑的体量越大，其单位建筑面积的传热耗热量越小，且随着体量的不断增大，耗热量的下降趋势越来越小，到一定阶段后趋于平缓；

（2）单幢建筑的层数相同而幢深不同，则幢深越大，由体量加大而导致的节能效果越显著；

（3）单幢建筑的幢深相同而层数不同，则层数越多时，体量增大导致的节能效果越显著；

（4）不同体量的建筑均有其耗热量最低的体形。

另外，作者分析了节能体形的影响因素和相互关系以及各种体形对朝向的敏感程度，提出：从节能方面考虑，适宜的住宅幢深为 12～14m，当建筑面积在 2000m^2 以下时，层数以 3～5 层为宜，建筑面积在 3000～4000m^2 以上时，层数以 6 层以上为宜。此外，在住宅平面设计方面，提出了温度分区和设置温度阻尼区的观点。

2000 年同济大学的宋德萱、张峥首先从建筑体形系数的角度，研究了与能耗的关系，得出了联列递减律、高度反比律、正方极限律、L/A 替代律等四个规律，然后对不同平面组合与建筑节能的影响关系进行研究，得到了建筑朝向、平面形状与建筑能耗的关系曲

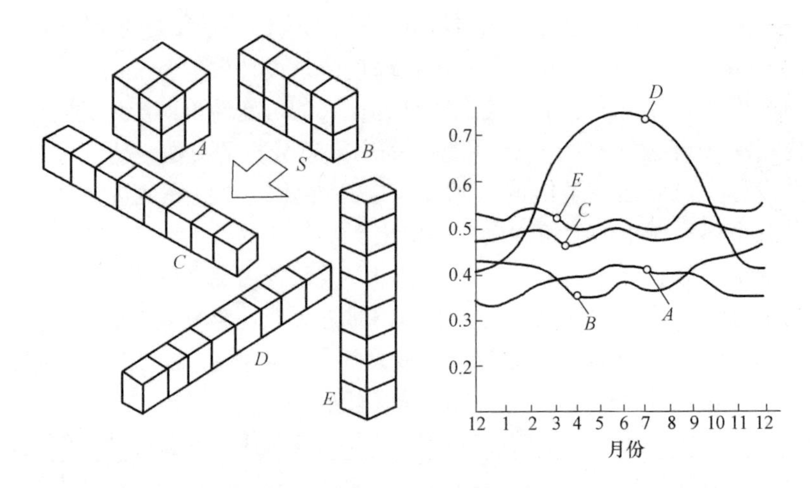

图 1-3 蔡君馥等人研究同体积不同体形建筑日照辐射得热量

图片来源：参考文献［91］P101

线，并对建筑体形系数与建筑平面尺寸、建筑高度、建筑排列方式的关系进行了研究，提出了与控制建筑体形系数相关的节能设计原则，通过模型实验，具体分析了在风、热等环境条件下的不同平面形状建筑的节能效果，得到以下结论：

（1）圆形平面最利于节能，三角形平面最不利于节能；

（2）分析建筑物平面形状时应充分考虑太阳辐射的影响；

（3）应充分考虑角系数的影响，在节能设计中，尽量减小角系数；

（4）严格控制建筑的外表面积是节能控制的关键；

（5）改善环境小气候指标对控制节能有重要意义。

1997 年，房志勇等人以及随后的宋德萱、王立雄、李德英等人各自编著的建筑节能教材中，将前人的研究结论进行整理归纳，得到了建筑平面尺寸与建筑能耗的定量关系表（表 1-1～表 1-3），同时将建筑朝向、建筑体形与建筑节能的关系进行了量化整理。

建筑平面形状与能耗关系 **表 1-1**

平面形状	正方形	长方形	细长方形	L 形	回字形	U 形
A/V	0.16	0.17	0.18	0.195	0.21	0.25
热耗(%)	100	106	114	124	136	163

表格来源：参考文献［95］P54

建筑长度与热耗的关系（单位%） **表 1-2**

室外计算温度(℃)	住宅建筑长度(m)				
	25	50	100	150	200
−20	121	110	100	97.9	96.1
−30	119	109	100	98.3	96.5
−40	117	108	100	98.3	96.7

表格来源：参考文献［95］P54

建筑宽度与热耗的关系（单位%） 表 1-3

室外计算温度(℃)	住宅建筑宽度(m)							
	11	12	13	14	15	16	17	18
−20	100	95.7	92	88.7	86.2	83.6	81.6	80
−30	100	95.2	93.1	90.3	88.3	86.6	84.6	83.1
−40	100	96.7	93.7	91.9	86.2	87.1	84.3	84.2

表格来源：参考文献 [95] P55

2005 年西安建筑科技大学的王锦研究了建筑方案创作阶段的节能构思，提出要重视建筑师在建筑节能设计中的作用，总结了控制建筑体形系数的影响因素以及在方案设计过程中需要注意的方面。

2007 年重庆大学的彭家惠、操雪荣通过分析重庆居住建筑的特征，采用 DOE-2 能耗模拟软件分析了建筑平面形状和建筑物的长度、进深、高度与建筑体形系数及建筑节能的定量关系，得到了表示各影响关系的回归方程，并得出结论：

（1）随着建筑长度或者进深的增大，体形系数减小并趋于一个定值，体形系数变化与能耗变化呈线性正相关关系；

（2）随着建筑层高的减小，体形系数增大，建筑能耗减小；

（3）随着建筑高度的增加，体形系数减小，建筑能耗随之减小，且体形系数变化对采暖能耗的影响大于对空调能耗的影响。

2007 年西安建筑科技大学的杨柳、王丽娟采用动态模拟软件 DOE-2IN 对我国寒冷地区办公建筑设计参数与节能的关系进行研究，并用统计学的方法分析了北京、西安、拉萨三个地区的建筑节能设计参数与能耗的综合关系，得出：

（1）随着窗墙比的增大，北京、西安地区建筑能耗增大，而拉萨地区建筑能耗减小；

（2）随着墙体传热系数的增大，北京、西安地区建筑的采暖能耗增大，而拉萨地区建筑的空调能耗稍微减小，总能耗显著增大；

（3）随着屋面传热系数的增大，三个地区办公建筑的采暖能耗均增大较多，而空调能耗相对不变；

（4）建筑高度增加导致建筑空调能耗减小，采暖能耗增大；

（5）对于不同平面面积的建筑，建筑平面长宽比的变化对建筑空调能耗、采暖能耗的影响不同，且不同地区的影响变化也不同；

（6）随着建筑平面面积的增大，北京、西安地区建筑能耗减小，而拉萨地区建筑的能耗增大。

2008 年重庆大学建筑城规学院的周异嫦对重庆地区居住建筑平面形式对节能的影响进行研究，通过对重庆地区居住建筑常用平面形式的总结，提取了五种典型平面——凹字形、“Y”形、风车形、工字形以及板式，研究在建筑功能布局、节地、通风、采光等因素的影响下建筑设计参数与建筑能耗的关系，得出：

（1）重庆地区建筑体形系数增大 0.1，板式建筑能耗随之增大约 0.7%，点式住宅的总能耗增大约 1.7%。

（2）相同体形系数下，板式建筑能耗比塔式建筑高。凹字形与工字形住宅最为节能，风车形与“Y”形住宅节能效果稍差。

2009年西安建筑科技大学的刘加平、谭良斌等人在其著作《建筑创作中的节能设计》中提出要提升建筑师在建筑节能工作中的作用，从建筑平面布局、体形系数、建筑体形形态等方面论述了与能耗的关系，提出了指导建筑师进行建筑设计的要点。

除了以上所述几个研究方面外，在居住建筑节能设计理论研究方面也开展了许多工作。另外，在建筑采光及空调系统等方面，目前所作的研究主要集中在公共建筑领域，居住建筑的采光主要体现在外窗的研究方面，上文已有讲述，而在空调系统的节能研究方面，华南理工大学的何秉辉、梁剑麟在2005年从广州地区中高层住宅夏季建筑降温问题入手，调查当前广州地区住宅的空调能耗状况，分析影响空调能耗的因素，同时分析了广州地区中高层住宅状况及建筑手法对空调能耗的影响，提出了控制广州地区中高层住宅空调能耗的手段并分析了其节能效益。2007年清华大学的江亿、李兆坚对我国城镇住宅空调生命周期能耗和材料资源消耗进行了研究，提出了空调能耗简化计算方法和可再生材料生命周期能耗的新算法，并从生命周期的角度进行评价，确定了节能空调器在我国的适用范围。

1.2.5 建筑节能设计存在的问题

(1) 纵观所有的研究成果，有关居住建筑节能的研究，一部分是针对建筑物自身热工特性开展的工作，比如建筑围护结构和空调采暖设备等，研究与建筑节能的相互影响关系，另一部分是针对建筑投入使用后的节能效果测试或评价，而针对建筑方案设计阶段的节能问题的研究，比如建筑体形与节能的关系，相对比较少，而且目前的相关研究成果不够细致深入，没有考虑建筑所有环境因素的影响以及相应的定量关系。

(2) 纵观目前有关建筑体形与节能关系的研究，大部分是研究建筑体形系数与建筑节能的关系，而没有直接研究建筑设计参数如建筑长度、宽度与建筑能耗的定量关系。分析以往的研究成果，并没有考虑太阳辐射对住宅能耗的影响，没有将此因素纳入到建筑体形与节能的关系中去，并且在以前的《民用建筑节能设计标准（采暖居住建筑部分)》JGJ 26—1995中，计算建筑物耗热量时，也没有考虑太阳辐射的影响，而在新的节能设计标准《严寒和寒冷地区居住建筑节能设计标准》JGJ 26—2010中，将太阳辐射作为重要因素，计算通过外窗的传热量时，必须计算太阳辐射对建筑得热量的贡献度。

(3) 目前国内外针对建筑体形与节能关系的研究，基本上都是通过研究建筑设计参数，比如建筑进深、开间、高度与建筑体形系数的关系，然后根据体形系数与建筑节能的关系，推导出设计参数与节能的关系。这种方法无法直接表示建筑设计参数与建筑能耗之间的关系，很少有研究者采用计算机能耗模拟的方法，深入研究建筑体形设计参数与能耗的关系，并由此得出建筑体形设计参数与建筑节能的定量关系。

(4) 由于气候环境的变化以及居住建筑的发展，20世纪90年代对于建筑体形与节能的影响关系的研究成果已经不适用于现在的住宅设计。纵观当时的研究，并没有采用动态模拟的方法，没有在全气候条件下进行逐时动态模拟。另外，居住建筑设计参数相对于20世纪也有了较大的发展变化。近年来，在这个领域的研究仅考虑了采暖（寒冷地区）或者空调（夏热冬冷地区）能耗，而没有综合考虑两者的共同影响。在选择建筑设计对于节能的影响因素方面，仅是单方面地考虑设计参数比如建筑进深、面宽、层数等对体形系数（建筑能耗）的影响，而没有综合考虑建筑材料热工性能及建筑新技术对建筑能耗产生的附加影响，在影响因素的确定方面不够全面。

(5) 总结以往的研究成果，并没有形成直接应用于建筑设计的成果，得到的仅是建筑体形与节能的关系曲线或者函数表达式，可操作性不强，无法直接指导建筑师进行建筑设计。建筑师作为建筑设计的核心，在建筑节能设计中也应该一马当先，把建筑方案设计和建筑节能概念联系到一起，应更注重方案设计阶段的节能措施，否则，建筑节能技术将会因为方案设计的先天不足而被削弱。建筑师需要更直观的成果，可以在进行建筑设计时进行直接的节能参考或者及时的节能效果对比，以简化节能设计的过程，使建筑设计与节能设计达到更好的融合。

1.3　本课题研究目的、意义、内容

1.3.1　课题研究目的

我国的建筑节能工作已经开展了许多年。1986 年国家颁布了《民用建筑节能设计标准（采暖居住建筑部分）》JGJ 26—1986，目标是在 1980～1981 年当地通用设计的采暖能耗基础上节能 30%。根据原建设部编制的《1996-2010 年中国建筑技术政策》中“建筑节能技术政策篇”提出的基本目标：“从 1996 年起到 2000 年，新设计的采暖居住建筑应在 1980～1981 年当地通用设计能耗水平基础上完成节能 50%，从 2005 年起，新建采暖居住建筑应在前一基础上再节能 30%”，即在原通用设计的基础上节能 65%，这也是我们常说的第三步节能。现在天津市已开始进行地方标准《天津市居住建筑节能设计标准》的编制，其中要求居住建筑节能率达到 75%，即在 2005 年设计能耗水平的基础上再节能 30%。国家的节能标准虽然对居住建筑的体形系数作出了限值规定，但是为了能达到更好的节能效果，在制定天津市地方标准的过程中，则要求研究居住建筑体形系数与节能的定量关系，确定体形系数、建筑耗热量、围护结构性能三者之间的精确比例关系。

严寒和寒冷地区居住建筑的体形系数限值　　**表 1-4**

	建筑层数			
	≤3 层	4～8 层	9～13 层	≥14 层
严寒地区	0.5	0.3	0.28	0.25
寒冷地区	0.52	0.33	0.3	0.26

表格来源：参考文献 [5]

由前文所述，国家在制定“2010 节能设计标准”时才将太阳辐射因素纳入到建筑耗热量的计算中，而相关的节能计算及限定指标需要重新进行论证。鉴于以往的研究成果均没有考虑太阳辐射对建筑能耗的影响，而新的研究工作正在进行中，故综合考虑通过建筑外窗的太阳辐射对建筑得热量的贡献度，研究建筑体形系数与节能的关系，可以对原有的研究成果进行修正补充，并对建筑节能设计标准中规定的相关限值进行验证。

目前，我国的建筑设计领域中，建筑节能设计脱节于建筑方案设计的现象比较严重。建筑师在进行方案设计时，是依靠自己的经验或者根据相关节能标准规定的限值来进行节

能设计的，在设计过程中，有明显的顺序错误，将能耗分析放在了最后，而由于设计过程的不可逆性，无法形成对方案设计的反馈，也就无法对设计方案进行有效的指导。通常建筑能耗计算都被放到建筑方案定性之后，甚至是建筑建成之后进行节能效果的评价验算，如同“亡羊补牢”。这就要求我们提供给建筑师在进行建筑方案设计时可以同时参照进行节能设计的方法或者方案，让建筑师可以及时地对设计方案进行节能评价，时刻保持对方案节能效果的了解。

1.3.2 课题研究意义

建筑体形对建筑能耗的影响显著，体形系数、建筑造型、平面形式等设计因素都会影响建筑节能效果，但不能一味地限制这些参数，否则将严重制约建筑师的创造性，有损建筑造型，而且使建筑平面布局受限，影响建筑的基本使用功能。在考虑太阳辐射对建筑能耗的影响的前提下，研究寒冷地区居住建筑设计参数和建筑节能的定量关系，使居住建筑节能设计的基础研究工作又往前迈进了一步，必将对居住建筑节能工作起到推动作用，从而为建筑的可持续发展创造有利条件，同时可以提高建筑师的能动性，在做到建筑节能的同时创造出更优质的建筑。本书对居住建筑体形设计参数与节能的定量关系的研究是对以往相关成果的更新与补正，是对建筑节能设计研究的补充与完善，通过在全气候条件下，尤其是在考虑太阳辐射对建筑能耗的影响的情况下，研究建筑方案设计与节能的关系，使我国建筑节能设计标准相关数据得到完善，并为新的节能设计标准的制定提供有力的理论支持。

对于建筑师而言，具体的专业知识，比如关于能耗的计算、通风与采光的设计，很难有非常精深的掌握，但了解一些基本的技巧和要点对促使我们将节能意识转化到建筑设计中是非常必要的。建筑师或其他建筑相关工作者有责任首先将节能意识贯穿到整个建筑方案设计中，让一个建筑在它诞生之初就具有很好的节能效果，这样可以使之后运用技术手段进行节能提升更为有效。本书的研究成果将有效地帮助建筑师解决这些问题，指导建筑师设计出高效节能的建筑方案。

1.3.3 课题研究内容

由于居住建筑的普遍性，居住建筑节能问题一直是我们国家关注的一个重要问题，对住宅节能的研究也具有极大的潜力，故本研究以寒冷地区的居住建筑为研究对象，研究其节能在建筑单体方案设计方面的潜力，主要有以下几点内容：

（1）对我国寒冷地区居住建筑节能设计的发展进行总结，探讨居住建筑设计中影响节能的因素，以天津地区的建筑实例为参考，结合我国现行的住宅设计规范以及居住建筑设计相关标准、规范，对影响建筑能耗的体形设计因素参数值进行确定。

（2）选用 DesignBuilder 软件进行能耗模拟，根据该软件的特点，确定能耗模拟相关的气候环境、建筑围护结构热工性能、采暖及空调能耗等计算参数，并对模拟方法、模拟过程和模拟评价指标进行确定。

（3）研究建筑的平面形状、长度、宽度、高度与建筑能耗的关系，以某一因素为变量进行计算机能耗模拟实验，得出每个变量与建筑能耗的定量关系曲线，并利用统计软件计算出其函数表达式。

（4）根据实验模拟结果，以达到最佳节能效果为标准，分析得出最佳节能建筑体形设计参数，得到不同建筑类型的最佳节能住宅体形。针对建筑外窗、外墙及屋顶等主要围护结构传热系数的不同，研究与建筑能耗的相互影响关系，对得到的节能体形进行校正。

（5）结合建筑体形设计参数与能耗的定量关系以及得到的最佳节能住宅体形，开发“居住建筑节能体形优化设计系统”。

（6）选取天津地区的既有住宅，进行能耗现场检测，对“居住建筑节能体形优化设计系统”进行验证。

1.3.4　技术路线

本研究的技术路线如图 1-4。

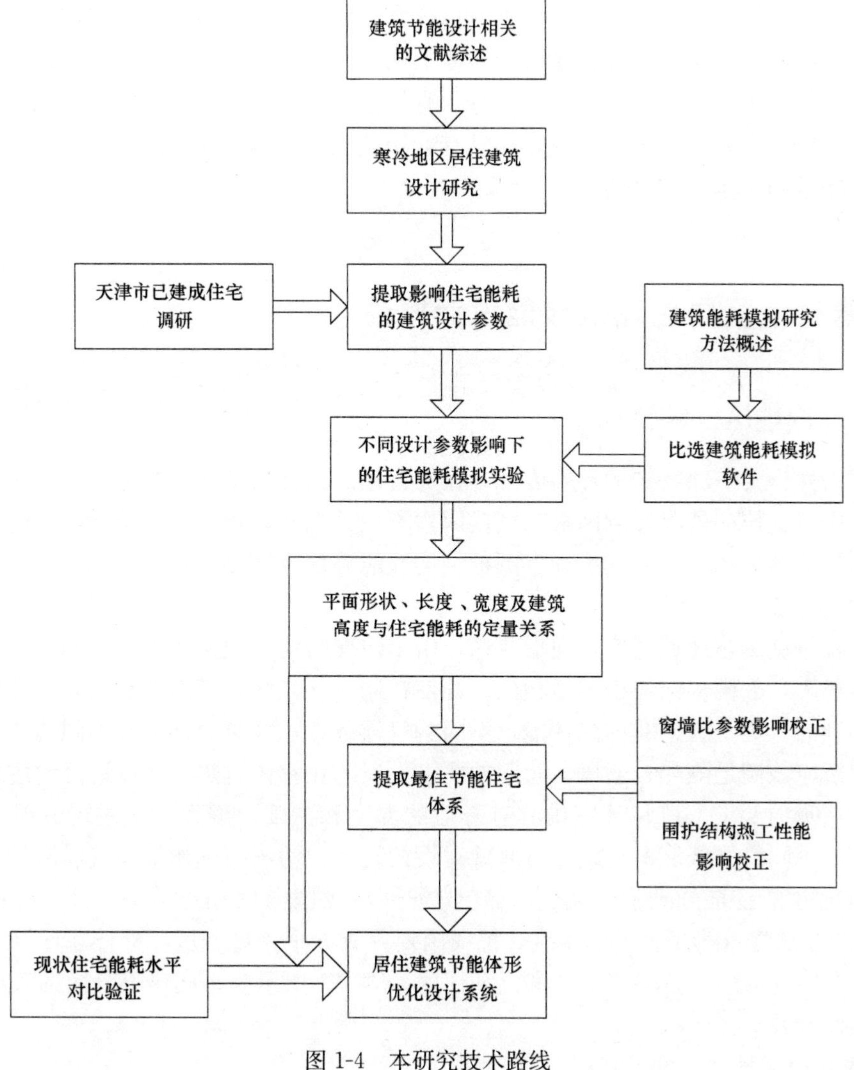

图 1-4　本研究技术路线

第二章　居住建筑设计中节能相关因素

居住建筑是人类生存活动和社会生活必需的物质空间，是与人们日常生活关系最为密切的建筑类型，它随着人类社会的进步与发展而不断地演进和变化。居住建筑的基本功能在于为人们提供居住生活所必需的建筑空间环境，创造符合人们需求的良好的适居性条件，达到适宜的居住舒适度，是居住建筑规划设计的基本目标。同时，降低建筑能耗，实现建筑的高效节能，是实现“低碳”发展的必然要求。

居住建筑的节能设计是指在建筑方案设计过程中，根据建设基地的区域气候特征，遵循建筑环境控制基本原理，综合建筑功能要求和形态设计等需要，合理组织和处理各建筑元素，使建筑物不需依赖空调设备而本身具有较强的气候适应和调节能力，创造出可促进人们身心健康的良好建筑内外环境，在具有新颖美观的建筑形式的同时，满足节能要求，进而取得技术和艺术两方面的突破。

2.1　寒冷地区居住建筑节能设计概述

2.1.1　寒冷地区气候特点

气候条件作为一项特定的环境因素，在进行建筑设计时必须首先考虑，它是居住建筑节能设计中居首位的外界影响因素。气候因素不仅关系到建筑日照、采光等方面，更与建筑平面布局、整体造型、立面设计、围护结构性能等都有直接关系。

1. 建筑热工设计分区

我国幅员辽阔，地域宽广，地形复杂，由于地理纬度和地势条件的不同，各个地方的气候差异很大，太阳辐射量也不尽相同。即使在同一气候区，其温度和气候条件也是有相当大的差别的。为了有适宜的热环境，不同的气候条件对建筑设计会有不同的要求。炎热地区的建筑应该满足隔热、通风、遮阳的要求，以防止室内过热；寒冷地区的建筑则要满足保温和采暖的要求，以保证室内具有舒适的温度和湿度。因而，从建筑节能设计的角度，必须对不同气候区域的建筑进行有针对性的设计。为了明确建筑和气候两者的相互联系，使建筑物能够充分地利用和适应气候条件，我国《民用建筑热工设计规范》GB 50176—1993 从建筑热工设计的角度，把我国划分成五个气候分区，即严寒地区、寒冷地区、夏热冬冷地区、夏热冬暖地区和温和地区。表 2-1 所示为不同热工分区的气候指标和建筑热工设计要求。

2. 寒冷地区气候、地域特点

根据我国建筑热工设计分区，寒冷地区是指累年最冷月平均温度为 0～－10℃的地区，主要包括华北地区、新疆和西藏南部地区以及东北南部地区。这些地区的建筑应满足

建筑热工设计分区及设计要求　　表 2-1

分区名称		严寒地区	寒冷地区	夏热冬冷地区	夏热冬暖地区	温和地区
分区指标	主要指标	最冷月平均温度 ≤－10℃	最冷月平均温度 0～－10℃	最冷月平均温度 0～－10℃ 最热月平均温度 25～30℃	最冷月平均温度 >10℃ 最热月平均温度 25～29℃	最冷月平均温度 0～13℃ 最热月平均温度 18～25℃
	辅助指标	日平均温度不大于5℃的天数 ≥145d	日平均温度不大于5℃的天数 90～145d	日平均温度不大于5℃ 0～90d 日平均温度不小于25℃ 40～110d	日平均温度不小于25℃ 100～200d	日平均温度不大于5℃的天数 0～90d
设计要求		必须充分满足冬季保温要求，一般可不考虑夏季防热	应满足冬季保温要求，部分地区兼顾夏季防热	必须满足夏季防热要求，适当兼顾冬季保温	必须充分满足夏季防热要求，一般可不考虑冬季保温	部分地区应注意冬季保温，一般可不考虑夏季防热

表格来源：参考文献［105］

冬季保温要求，部分地区兼顾夏季防热。

由于我国地域辽阔，一个气候区的面积就可能等于欧洲几个国家的面积，区内的冷暖程度相差也比较大，所以在《严寒和寒冷地区居住建筑节能设计标准》JGJ 26—2010 中，将寒冷地区进一步细分为 2 个气候子区，以使得依此而提出的建筑围护结构热工性能要求更为合理一些。该标准中采用采暖度日数（*HDD*18）① 和空调度日数（*CCD*26）② 作为气候分区的指标，将寒冷地区划分为寒冷 A 区和寒冷 B 区，具体指标见表 2-2。

寒冷地区居住建筑节能设计气候子区　　表 2-2

气候子区		分区依据
寒冷地区	寒冷 A 区	2000≤*HDD*18<3800，*CDD*26≤90
	寒冷 B 区	2000≤*HDD*18<3800，*CDD*26>90

表格来源：参考文献［5］

根据《建筑气候区划标准》GB 50178—1993 中对不同气候区气候特点的描述，我国寒冷地区属于Ⅱ类气候区，四季分明，冬季比较长而且干燥寒冷，气温年较差和日较差都较大。日平均气温不高于 5℃的天数占全年的 25%～40%，年最高温度不低于 35℃的日数占全年的 22%，极端最高温度为 35～44℃，平原地区的极端最高温度大多可超过 40℃，年平均日较差为 7～14℃。寒冷地区的气候一般比较干旱，并且少雨，年平均相对湿度为 50%～70%，年降雨日数为 60～100 天，年降水量为 300～1000mm，年降雪日数在 15 天以下。

寒冷地区的太阳辐射较强。年太阳总辐射照度为 150～190W/m^2，年日照时数为

① 一年中，当某天室外日平均气温低于 18℃时，将该日平均温度与 18℃的差值乘以 1d，并将此乘积累加，得到一年的采暖度日数。参见参考文献［5］。

② 一年中，当某天室外日平均气温高于 26℃时，将该日平均温度与 26℃的差值乘以 1d，并将此乘积累加，得到一年的空调度日数。参见参考文献［5］。

2000～2800小时，年日照百分率为40%～60%。较强的太阳辐射导致夏季气温比较高，同时大大增强了地表水的蒸发率，使空气湿度降低，气候比较干燥。

综上所述，寒冷地区的气候特征总结为：

（1）寒冷地区夏季的高温日数虽然没有冬季的寒冷日数多，但是夏季仍然存在高温对人的热舒适性的影响。

（2）由于气温年较差大，存在明显的过渡季节。

（3）由于降水量及太阳辐射等因素的影响，寒冷地区相对来说比较干燥。

2.1.2 寒冷地区居住建筑体形设计影响节能因素概述

居住建筑是指供人们日常居住使用的建筑物，包括住宅、专用公寓、公共宿舍和居住综合体等形式的建筑，其中住宅建筑大约占所有类型总量的92%，而且住宅建筑的形式种类最为丰富，所以本文中对居住建筑节能设计影响因素的研究主要针对住宅建筑。由前所述，气候条件对居住建筑的规划设计有重要影响，具有节能作用的规划设计将为建筑节能创造良好的外部环境，合理的建筑单体设计是建筑节能的重要基础。只有在符合节能原则的建筑单体上，围护结构、采暖空调设备的节能技术措施才能充分发挥其效能。所以，本研究直接针对建筑单体设计中的节能要素进行研究。

寒冷地区居住建筑的采暖能耗占全国建筑总能耗的比重比较大，其采暖节能潜力可以说是我国各类建筑能耗中最大的，应是目前建筑节能设计及研究的重点。根据寒冷地区的气候特征，在居住建筑设计过程中，应该首先满足建筑围护结构的冬季保温要求，其次应该满足夏季防热要求。所以，在住宅设计中，建筑的平立面设计和门窗设置应首先满足日照和风向等方面的要求，另外应该严格控制建筑的体形系数，选择合理的建筑平面、剖面形式及尺寸，确定合适的窗墙比。这些因素都是建筑师在方案设计阶段首先应该关注的问题，并且应对建筑平面形状、体形系数等参数进行细致推敲，以求设计出较为节能的建筑方案。

在《严寒和寒冷地区居住建筑节能设计标准》JGJ 26—2010中对居住建筑体形系数有明确的定义：建筑物与室外大气接触的外表面积与其所包围的体积的比值。外表面积中，不包括地面和非采暖楼梯间内墙及户门的面积。用公式表达，即：

$$S=F/V \tag{2-1}$$

式中：S——建筑体形系数；

F——建筑外表面积（m^2）；

V——建筑外表面积所包围的建筑体积（m^3）。

由上述定义和公式可以看出，体形系数表示的是建筑单位体积所拥有的建筑外表面积，它直接反映了建筑外形的复杂程度以及围护结构的面积大小。在建筑体积一定的情况下，体形系数越大，建筑围护结构与空气的接触面越大，散热越多，导致建筑的能耗越大，因此，控制建筑体形系数是建筑节能设计中关注的重要问题之一。

然而，对于建筑师而言，在建筑方案设计阶段，建筑的体形系数并不是可以直接进行控制的参数，而是要通过调节建筑方案的平面尺寸（长度、进深等）、建筑层高及层数等参数来对体形系数进行控制。由式2-1得知，体形系数S与建筑外表面积F和所围合的建筑体积V有关，而对于类似于等截面长方体的建筑：

$$F=L\times H+A \tag{2-2}$$

$$V = A \times H \tag{2-3}$$

式中：L——建筑横截面周长（m）；

H——建筑高度（m）；

A——建筑横截面面积（m）。

对于矩形平面的建筑而言，建筑横截面周长与面积两个参数均由建筑的长度（a）与进深（b）这两个设计参数来决定，建筑高度与层高（h）和层数（n）这两个设计参数有关，所以，有关建筑体形系数对节能设计的影响，在建筑方案设计过程中，将直接表现为对建筑长度、进深、层高、层数的控制。由于建筑平面周长还与平面的曲折程度有关，所以，这也是进行节能设计时考虑的一个因素。在以往的研究中，上海建科院的曹毅然等人研究了在考虑日照辐射的情况下，建筑长度、宽度、高度与体形系数的关系，得出：在建筑体积一定的情况下，综合确定其长宽比及建筑朝向等因素，可以得到最佳建筑设计尺寸。

除了体形系数外，窗墙比也是建筑方案设计中需要重点考虑的与建筑节能相关的参数之一。窗墙比的大小，一方面关系到建筑室内自然采光及日照的多少，对照明能耗有直接影响；另一方面，外窗的大小与建筑冬季采暖能耗和夏季空调能耗有直接关系，直接影响到建筑物的总能耗。窗墙比是指外窗洞口面积与房间立面单元面积（即建筑层高与开间定位线围成的面积）之比，其数值是建筑师在进行建筑方案设计时可以直接对其进行操作的参数，所以也应该成为居住建筑节能设计影响因素之一。

2.2 居住建筑设计中节能相关因素

综上所述，建筑单体方案设计中主要通过对建筑平面形状、尺寸（长度、进深）、高度、层数、体形系数、窗墙比等参数的控制，实现居住建筑的节能设计，这样才可能使建筑物在冬季有效地利用太阳能并减少能耗，在夏季有效地隔热、通风，并减少空调能耗。

为了得到各个设计参数的阈值范围以及满足现在的居住建筑设计要求，本研究以编制天津市居住建筑节能设计新标准为契机，选择了天津地区主要的8家大型建筑设计院，分别是天津市建筑设计院、天津市建筑设计院滨海分院、天津大学建筑设计研究院、天津华汇工程建筑设计有限公司、天津市房屋鉴定勘测设计院、天津市新型建材建筑设计研究院、天津市中怡建筑设计有限公司、天津市天泰设计院，对这8家设计单位2005年以来设计完成的89栋住宅进行调研，包括所有类型的住宅类建筑，通过收集建筑设计图纸以及现场调研的方式，结合国家相关的住宅设计规范，对建筑设计参数进行分析统计（表2-3）。

调研住宅的设计单位统计　　　　**表2-3**

设计单位	天津市建筑设计院	天津市建筑设计院滨海分院	天津大学建筑设计研究院	天津华汇工程建筑设计有限公司	天津市房屋鉴定勘测设计院	天津市新型建材建筑设计研究院	天津市中怡建筑设计有限公司	天津市天泰设计院	合计
住宅数量	9	18	7	9	9	10	17	10	89
百分比	10.1%	20.2%	7.9%	10.1%	10.1%	11.2%	19.1%	11.2%	100%

表格来源：作者自绘

2.2.1 建筑类型

在《民用建筑通则》GB 50352—2005 和《住宅设计规范》GB 50096—1999 中，都对住宅建筑的分类进行了明确规定，对民用建筑地上层数作了如下划分：

低层住宅：1～3 层；

多层住宅：4～6 层；

中高层住宅：7～9 层；

高层住宅：≥10 层。

此种分类方法主要考虑建筑使用要求和防火设计的要求，例如 6 层以上住宅要配置电梯，高层住宅更要严格遵循防火要求等。但是从建筑节能设计的角度，以控制建筑物耗热量为目的，我国的节能标准《严寒和寒冷地区居住建筑节能设计标准》JGJ 26—2010 对居住建筑进行了重新划分。根据目前大量新建居住建筑的种类，划分为 4 类：

低层住宅：1～3 层，表现为独立式、并联及联排式住宅；

多层住宅：4～8 层，表现为板式住宅，以 6 层板式住宅最为常见；

小高层住宅：9～13 层，表现为高层板式及塔式住宅；

高层住宅：≥14 层，多表现为高层塔式住宅。

本研究以节能设计标准中规定的住宅建筑分类为准，并将这 4 种类型重新定义为低层住宅、多层住宅、小高层住宅和高层住宅。在对所调研的天津地区的 89 栋住宅建筑中，各类型建筑所占比例如表 2-4 所示。

各类建筑数量及百分比　　表 2-4

	低层住宅（1～3 层）	多层住宅（4～8 层）	小高层住宅（9～13 层）	高层住宅（≥14 层）
数量统计	4	15	23	47
百分比	4.5%	16.9%	25.8%	52.8%

表格来源：作者自绘

低层住宅按照建筑形式又可划分为联排住宅、双拼式住宅和独立式住宅，其居住空间接近自然环境，建筑体量较小，空间布局灵活，建筑造型比较丰富，结构简单，施工便捷。但由于其建筑密度偏低，土地和能源成本相对较高，城市公用设施的利用率较低，在人口密度高的大城市如天津推广较少，主要供高收入者居住。在调研的 89 栋住宅中，仅有 4 栋，占总体的 4.5%。

多层住宅（4～8 层）是以若干住宅套型在垂直方向上叠加而形成的住宅楼栋，根据住宅设计相关规范的要求，6 层以上的住宅楼需要设置电梯，无形中将增加建筑的成本，所以目前以 6 层住宅最为常见。此类建筑比低层住宅的土地利用率高，建设周期短，结构简单，平面设计成熟，工程造价较低。另外，户型方正，采光、通风条件都较为理想，整体性价比高。在所调研的 89 栋住宅楼中，共有 15 栋，数量占到 16.9%。

小高层住宅（9～13 层）可以认为是多层住宅的向上发展，属于较低的高层住宅，为板式住宅。在覆盖率相同的情况下，小高层住宅的容积率高于多层住宅，比较省地，但是与高层住宅相比，容积率与节能性方面具有弱势，其性价比较低，在城市居住区中建设量不是很大。在所调研的住宅中，小高层共有 23 栋，其层数以 11 层为主，共有 16 栋，占到 25.8%。

高层住宅（≥14 层）的土地利用率最高，在覆盖率较低的情况下能达到较高的容积率，由此可以建设较大的室外公共空间和设施，更为符合节能省地的要求。另设置有电梯，上层住户视野开阔，具有良好的采光和通风条件以及较好的居住舒适性。高层建筑从出现发展到现在，基本上以塔式住宅为主，近年出现了大量的板式高层，以一梯两户或者两梯四户为主。目前，在城市中，高层住宅被大量建设，是住宅建筑的一大类型。在所调研的住宅中，共有 47 栋，占到了调研总量的 52.8%（图 2-1）。

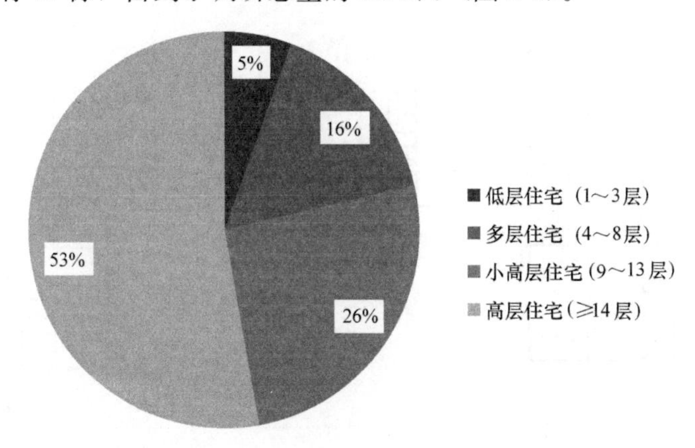

图 2-1　各类型住宅所占百分比

图片来源：作者自绘

2.2.2　建筑平面形式

建筑平面设计是方案设计的前期工作，与建筑体形设计关系密切，二者相辅相成，相互制约，建筑体形直接决定了平面形状，同时，平面形状的选择也决定了建筑体形的类型。在公共建筑设计中，建筑体形的设计比较自由，建筑平面形状多样化，如长方形、正方形、圆形、L 形、回字形、U 形以及不规则形状等。在住宅设计中，由于住宅户型以及使用功能的制约，建筑平面形状以方形为主，以求节省用地，提高建筑平面的利用系数。

低层住宅设计中，独栋住宅（别墅）建筑设计比较灵活，平面及体形变化较多，基于方便建造及住户使用的目的，其平面形状以长方形、正方形及相应的变体形式为主，双拼及联排住宅的平面形状以长方形、正方形为主。

多层和小高层住宅是由若干套型在水平及垂直两个方向上叠合而成的，多为板式建筑，其拼合平面主要为长方形，户型单元进行错位组合的平面则呈现为“Z”字形，而带拐角单元的楼栋平面为“L”形。部分小高层住宅为塔式住宅，其平面形式与高层类似。

高层住宅的平面布局受到结构选型和消防要求的制约，板式高层的平面类型比较少，主要有长方形、凸字形、“Z”形、“L”形等。塔式高层的标准层平面长、宽两个方向的尺寸比较接近，平面围绕交通核进行布局，平面形状可有多种变化。平面有方形、圆形、三角形等基本组合型平面以及由此产生的变形体和相互组合的几何形平面，常见的类型主要有方形、井字形、蝶形、“Y”形、“U”形、“H”形、风车形等（图 2-2～图 2-10）。

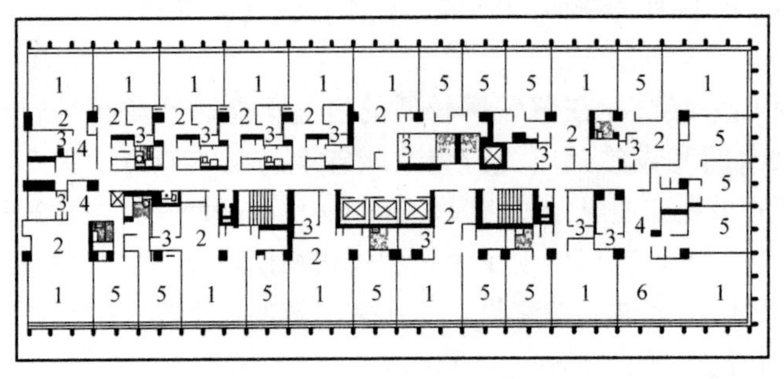

图 2-2　长方形平面住宅图

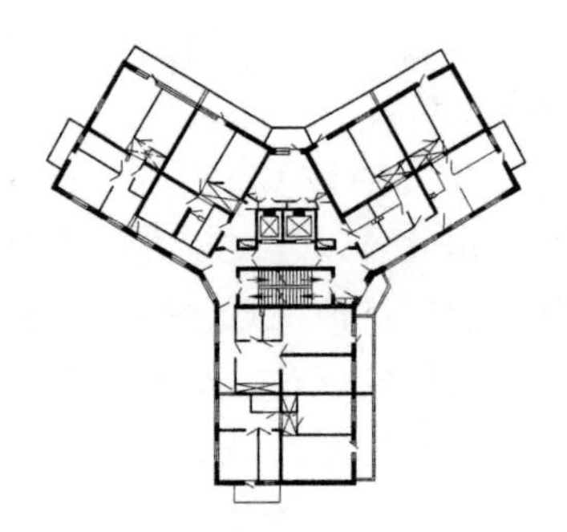

图 2-3　Y 字形平面住宅

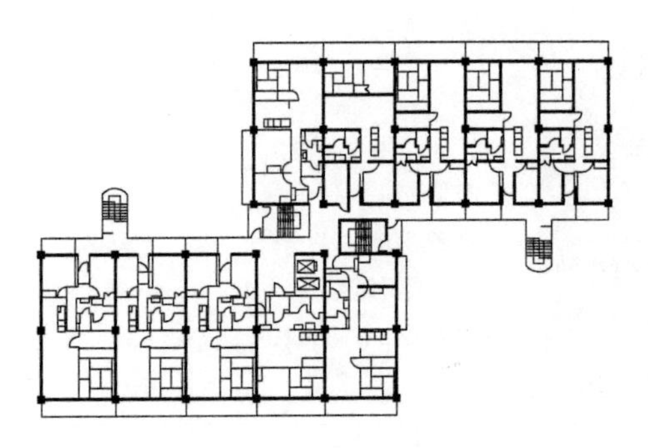

图 2-4　Z 字形平面住宅

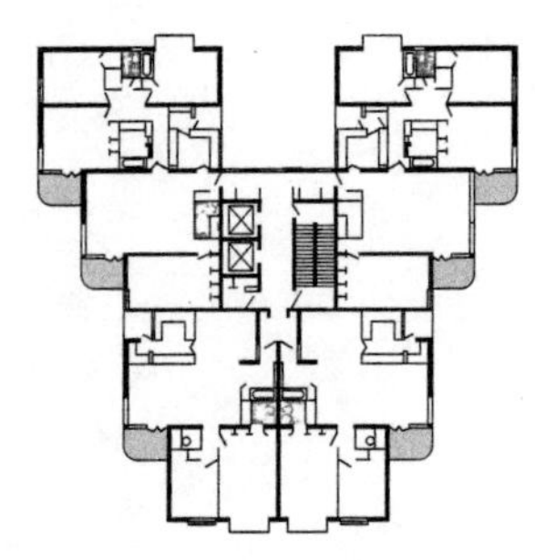

图 2-5　U 字形平面住宅

图 2-6　“L”形平面住宅

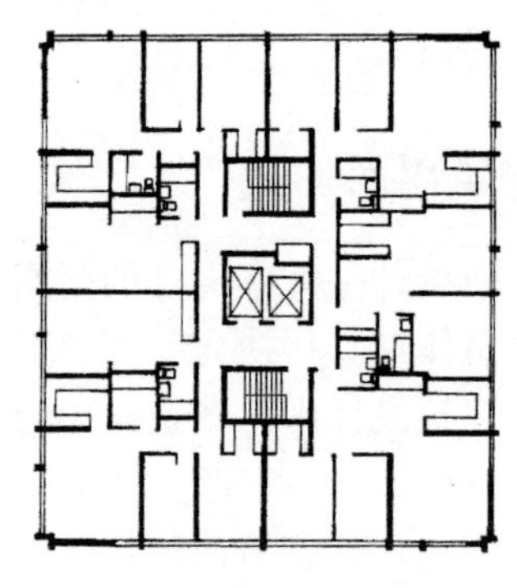

图 2-7　方形平面住宅

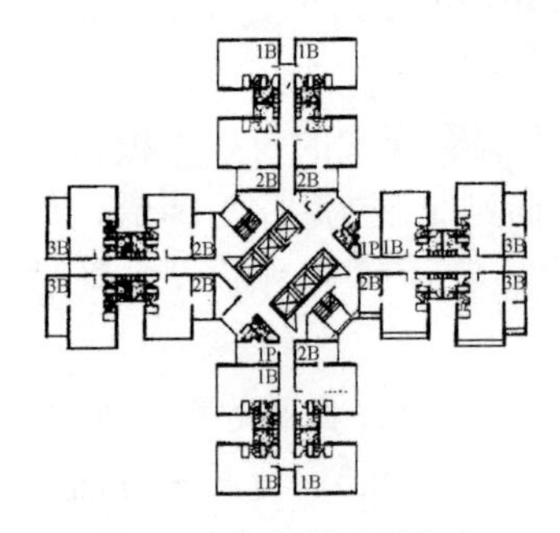

图 2-8　十字形平面住宅

图 2-9　风车形平面住宅

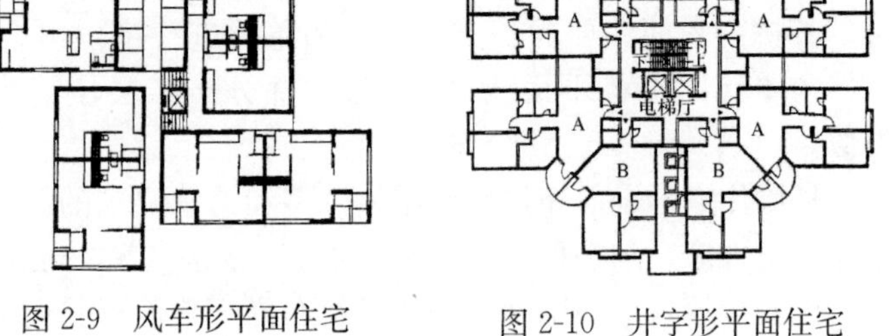

图 2-10　井字形平面住宅

（图片来源：参考文献［125］）

本研究所调研的天津地区 89 栋建筑的平面形状如表 2-5 所示。

各类建筑平面形状　　**表 2-5**

建筑类型＼平面形状	长方形	"H"形	凸字形	正方形	十字形	"Y"形	"Z"形	"U"形	井字形	其他形状	合计
低层住宅（1～3 层）	2	1						1			4
多层住宅（4～8 层）	9	1	2	2	1						15
小高层住宅（9～13 层）	5		8		2	1	3	2	1	1	23
高层住宅（≥14 层）	4	2	15		2	7		6	1	10	47

表格来源：作者自绘

2.2.3　建筑体形系数

根据《严寒和寒冷地区居住建筑节能设计标准》JGJ 26—2010 的规定，建筑物的体形系数是指建筑物与室外大气接触的外表面积与其所包围的体积的比值，寒冷地区居住建筑体形系数规定在 0.26～0.52 的范围内，具体如表 2-6 所示。

寒冷地区居住建筑的体形系数限值　　**表 2-6**

	建筑层数			
	≤3 层	4～8 层	9～13 层	≥14 层
寒冷地区	0.52	0.33	0.30	0.26

表格来源：参考文献［6］

天津属于寒冷地区（B 区），住宅建筑的体形系数限值与国家节能标准中的规定保持一致。但本次调研的 89 栋住宅的建设时间多为 2005 年，建设时参照的天津市节能设计标准对体形系数的规定为：高层和中高层居住建筑不宜大于 0.30；多层居住建筑不宜大于 0.35；低层居住建筑不宜大于 0.45。所调研的住宅的体形系数情况如表 2-7 所示。

建筑体形系数统计表　　**表 2-7**

体形系数	低层住宅（1～3 层）	多层住宅（4～8 层）	小高层住宅（9～13 层）	高层住宅（≥14 层）
＜0.2				1
0.2～0.26		2		3
0.27～0.3		2	6	15
0.31～0.35		7	13	20
0.35～0.45	2	4	4	8
0.46～0.52	1			
＞0.52	1			
合计	4	15	23	47

表格来源：作者自绘

由天津市住宅建筑的调查结果可以看出（图 2-11）：

（1）低层住宅的体形系数偏大，两栋住宅在 0.45 以下，而且其中的一栋超过了节能设计标准中所规定的限值，达到了 0.65。分析该建筑，其性质属于独栋别墅，在设计上偏重造型的新颖独特，建筑体形变化较多，导致建筑体形系数增大。

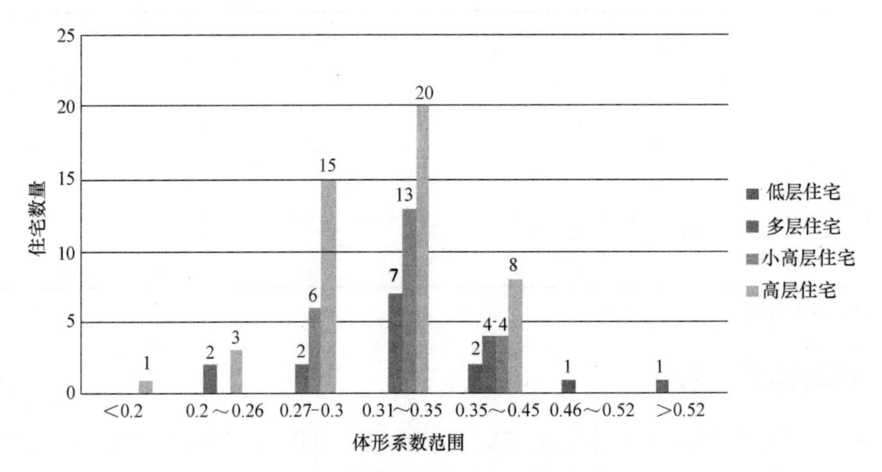

图 2-11　不同建筑类型的体形系数

图片来源：作者自绘

（2）多层住宅中，大部分住宅的体形系数在 0.35 以下，满足节能设计标准中的规定。

（3）小高层住宅的体形系数在 0.3 以下的为 6 栋，占该类型建筑总量的 25%，剩下的绝大多数建筑不符合节能设计的要求。

（4）高层住宅有 19 栋楼的体形系数在节能设计标准规定的范围内，有些则超过建筑体形系数 0.3 的要求。

但是当时的节能规范中对体形系数并没有限制性要求，故当建筑的体形系数超过规定后，可以通过围护结构热工性能进行权衡判断，计算建筑耗热量指标是否满足要求，以保证建筑的节能效果。

表 2-8 列出了所有类型建筑的体形系数“达标”百分比，低层住宅的体形系数普遍满足节能设计的要求，而随着建筑高度的增加，“达标率”越来越低。

住宅体形系数达标率　　　　**表 2-8**

	低层住宅 4	多层住宅 15	小高层住宅 23	高层住宅 47
体形系数　限值要求	0.45	0.35	0.3	0.3
“达标”数量	2	11	6	19
“达标率”	50%	73.3%	26.1%	40.4%

表格来源：作者自绘

对以上的调研数据进行分析可知，天津地区前些年新建住宅的体形系数部分偏高，不利于建筑节能。相关的节能设计标准中规定，假若建筑的体形系数超过标准规定的范围，则须对建筑围护结构的热工性能进行权衡判断，计算建筑物的耗热量，并且按照 65%节能的要求，对耗热量指标作出了规定（表 2-9）。

建筑物耗热量指标（W/m²）　　表 2-9

≤3 层的建筑	4～8 层的建筑	9～13 层的建筑	≥14 层的建筑
17.1	16.0	14.3	12.7

表格来源：参考文献［5］

由前所述，建筑体形系数反映到设计中，是由建筑平面尺寸、平面形状及建筑高度等因素来控制的。其中平面尺寸包括建筑进深、开间等参数，本研究在进行住宅数据调研时，对住宅单元及组合平面的长度、宽度、层高等设计参数作了详细的统计分析，以便于研究与节能的定量关系。

1. 建筑长度与宽度

建筑师在进行住宅建筑设计时，户型设计方案的进深、面宽尺寸等参数需重点关注。面宽指住宅主要采光面的宽度，进深是指与面宽垂直的面的宽度。住宅的面宽和进深在节能节地和舒适性方面是一对矛盾体。

对于同等面积的住宅，面宽越大，则室内可以得到更多的采光，可以有良好的通风，可以拥有更好的视野，进深小则可以保证在房间中部有良好的光线。大面宽、小进深的住宅的舒适性可得到良好的保障，但过大的房间开间会导致家具摆放过远，不利于使用。相反，大进深、小面宽的住宅户型有利于提高住区的建筑密度，提高容积率，面宽小可以在一定程度上减少外墙面积，使建筑部分外围护结构的冬季热损耗更少，从而让楼栋的中间段户型达到一定的节能效果。根据国家建设节能省地住宅的要求，以提高住区容积率的方式满足地产商的利益，适宜的大进深住宅形式受到大力推广。

住宅设计中，住宅各房间的面宽之和为户面宽，户面宽相加为单元面宽。其中板式住宅楼栋的平面尺寸直接表现为：楼栋进深为户型的进深，楼栋的长度为拼合单元面宽的总和；塔式住宅平面的尺寸为拼合户型尺寸与交通空间及其他公共空间尺寸的总和；而对于独栋别墅，由于设计的自由性，其平面尺寸的选择也相对比较宽泛。在所调研的天津地区89 栋住宅中，多层及小高层住宅主要是板式建筑，而塔式住宅多为高层住宅，高层住宅中有少数的板式住宅，均为两个户型单元组合而成（图 2-12）。

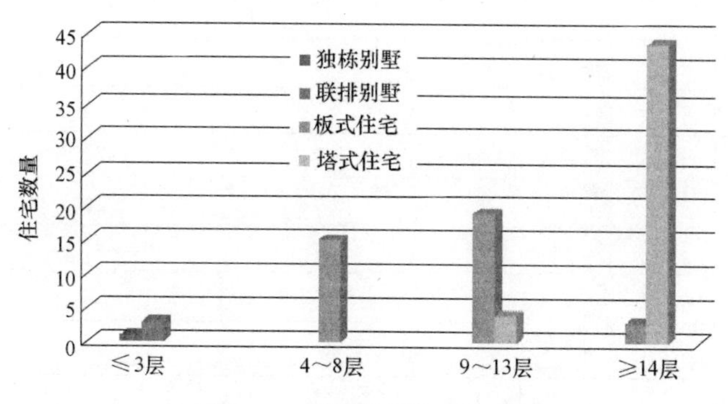

图 2-12　不同类型住宅的分布

图片来源：作者自绘

根据《住宅设计规范》GB 5096—1999 中的规定，每套住宅中至少应包括起居室、卧室、厨房和卫生间等基本空间，且必须将这些功能空间设置于户门之内，不得共用或者合用。规范中对于各功能空间的面积都作了限定，并且对不同住宅套型的使用面积作出了限定，这就在一定程度上限定了住宅的平面尺寸。住宅中各功能空间的平面尺寸主要考虑家具的正常摆放与方便使用，在《建筑设计资料集》中，对于起居室、餐厅、卧室、厨房及卫生间等基本空间的典型平面布置进行了明示，并对常用的家具尺寸及人体行为空间尺寸进行了说明。

在板式住宅设计中，各个功能空间的面宽直接影响到户面宽和单元面宽，进而影响组合平面的尺寸。一般住宅的套型种类与面宽有表 2-10 所示的关系。

不同套型户面宽单元面宽常用值 表 2-10

	两室户型		三室户型	
户面宽(m)	7.3～9.0		10.0～12.0	
单元面宽(m)	两室户＋两室户	两室户＋三室户	三室户＋三室户	三室户＋四室户
	14.6～18.0	17.5～21.0	20.0～24.0	

表格来源：参考文献［162］

塔式住宅围绕以楼梯和电梯等组成的垂直交通核布置套型空间，在设计中，建筑平面的尺寸与其形状以及户型组合的方式有关系。塔式住宅标准层面积一般控制在 $1000m^2$ 以下。

低层住宅分为独栋、双拼及联排等形式，其中独栋住宅适用于对大套型和个性化空间有较高要求的住户，双拼与联排住宅则可以满足住户对较小套型和通用化空间的需求。因此，独栋住宅的形态丰富多样，平面形式比较自由，平面尺寸的变化也比较多；而双拼与联排住宅的平面形式类似于板式住宅，由于住户空间大都为跃式空间，户型平面布置沿面宽方向多为两个空间的组合，如起居室与主卧室、主卧室与次卧室等，故其户面宽及单元面宽的尺寸比板式住宅小一些。

根据住宅建筑的设计特点，在调研中，主要对板式住宅的住户单元平面尺寸进行统计，对塔式住宅的组合平面尺寸进行统计分析，对于低层住宅，联排别墅等同于板式住宅，而独栋别墅则是统计其平面的尺寸（图 2-13～图 2-16）。

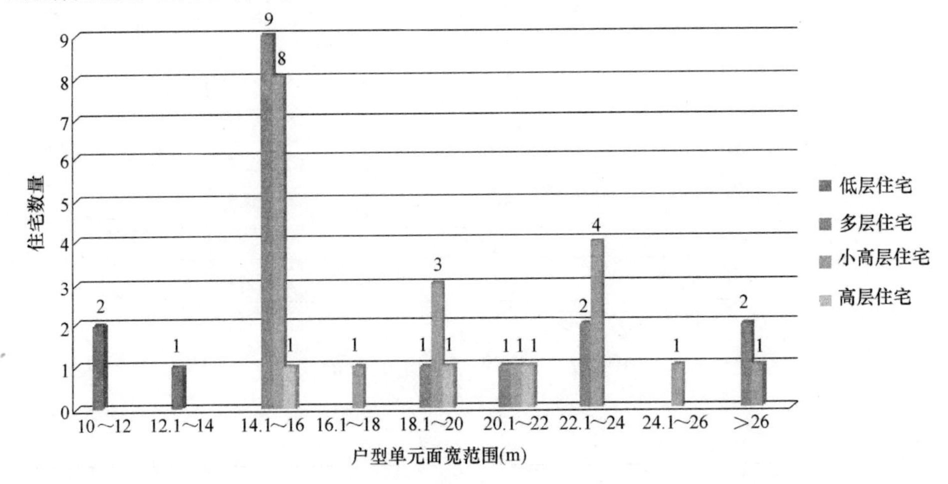

图 2-13 板式住宅（联排别墅）户型单元面宽轴线尺寸统计分布

图片来源：作者自绘

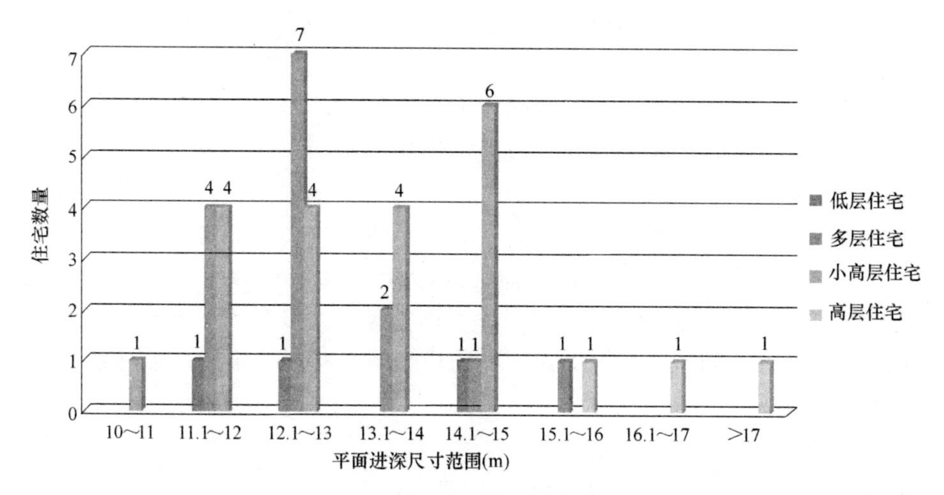

图 2-14　板式住宅（联排别墅）平面进深尺寸统计分布

图片来源：作者自绘

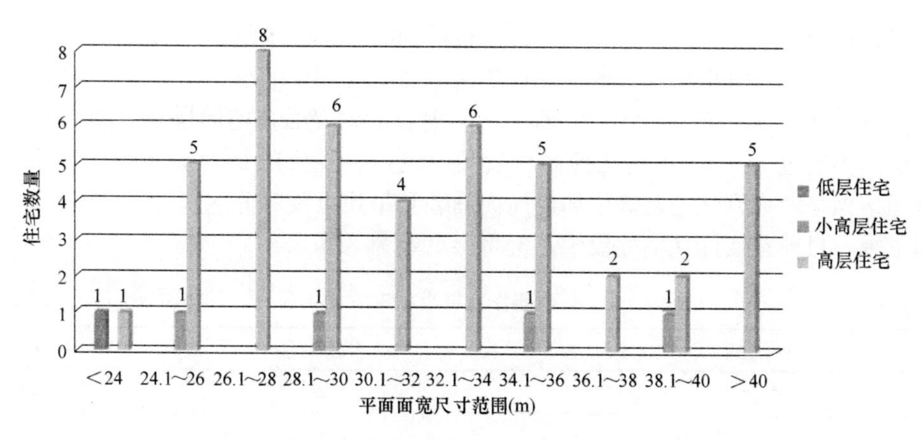

图 2-15　塔式住宅（独栋别墅）平面面宽尺寸统计分布

图片来源：作者自绘

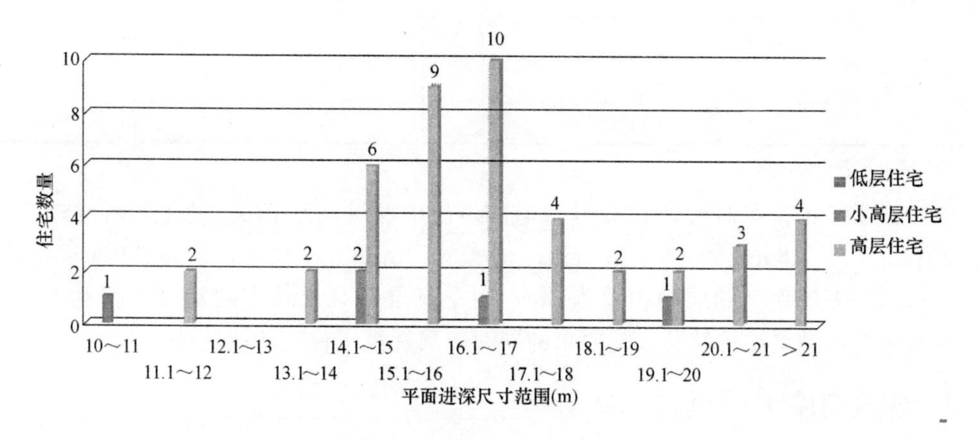

图 2-16　塔式住宅（独栋别墅）平面进深尺寸统计分布

图片来源：作者自绘

由图 2-14 可知，联排别墅的单元面宽尺寸集中在 15～20m 的范围内；板式住宅中多层住宅与小高层住宅的单元面宽尺寸集中在 14～16m、20～24m 的范围内；高层住宅的面宽尺寸多在 19～20m 之间。组合单元的住宅套型不同，如两室户与两室户组合成小尺寸面宽，三室户与三室户组合成较大尺寸面宽，由此可看出，高层板式住宅多为两室户与三室户的组合单元。

由图 2-15 可知，联排别墅及板式住宅中的多层住宅与小高层住宅的进深尺寸主要集中在 11～15m 的范围内，板式高层的进深尺寸较大，多为 15m 以上。

由图 2-16 和图 2-17 可知，塔式住宅的平面面宽尺寸大多在 24～40m 的范围内，进深尺寸大多在 13～20m 之间，这是由塔式住宅的户型组合特点决定的。独栋别墅的平面尺寸则相对比较自由。

2. 建筑层高

建筑空间的大小、高低取决于功能的使用要求，人们对于阳光、空气的需求，对于空间的心理感受以及建筑自身的结构特点均要求建筑保持一定的层高，以此满足人们的生理和心理需求。同时，住宅层高的确定与住宅的造价及能源消耗关系密切，层高降低可以节约墙体材料，可以减小室内空间，在降低造价的同时，降低采暖、空调负荷，对建筑节能有重要意义。另外，降低层高等同于降低建筑高度，有利于缩小建筑间距，节约用地。

我国的《住宅设计规范》GB 5096—1999 中规定，普通住宅的层高宜为 2.8m。控制住宅的层高不超过 2.8m，不仅是控制投资的问题，更重要的是为了节能、节地、节材、节约资源。但是考虑到住宅装修中加设地面铺装和吊顶以及部分地区对于室内通风、日照条件的重视，目前在实际住宅建设中，常将层高定为 2.9～3m。

调研住宅层高状况 **表 2-11**

<table>
<tr><th colspan="2"></th><th>低层住宅</th><th>多层住宅</th><th>小高层住宅</th><th>高层住宅</th><th>总计</th><th>百分比</th></tr>
<tr><td rowspan="6">住宅层高(m)</td><td>2.8</td><td>2</td><td>2</td><td>1</td><td>2</td><td>7</td><td>7.9%</td></tr>
<tr><td>2.85</td><td></td><td></td><td></td><td>4</td><td>4</td><td>4.5%</td></tr>
<tr><td>2.9</td><td>1</td><td></td><td>12</td><td>18</td><td>31</td><td>34.8%</td></tr>
<tr><td>2.95</td><td></td><td></td><td>1</td><td>2</td><td>3</td><td>3.4%</td></tr>
<tr><td>3.0</td><td>1</td><td>13</td><td>8</td><td>21</td><td>43</td><td>48.3%</td></tr>
<tr><td>3.15</td><td></td><td></td><td>1</td><td></td><td>1</td><td>1.1%</td></tr>
<tr><td colspan="2">合计</td><td>4</td><td>15</td><td>23</td><td>47</td><td>89</td><td>100%</td></tr>
</table>

表格来源：作者自绘

如表 2-11 所示，在对天津市 89 栋住宅的调研中发现，天津市近几年的新建住宅的层高主要有 2.8m、2.85m、2.9m、2.95m、3m、3.15m 这几个尺寸，多为 2.9m 和 3m。如图 2-17 所示，多层住宅的层高主要为 3m，而小高层与高层住宅的层高主要为 2.9m 和 3m，这些住宅在满足经济性及节能要求的同时，又提高了住宅的舒适性。

2.2.4 建筑窗墙比

居住建筑的热量损耗包括围护结构的传热耗热量和通过门窗缝隙的空气渗透耗热量，其中通过围护结构的耗热量约占 70%～80%。建筑围护结构主要由窗和墙组成，其中外

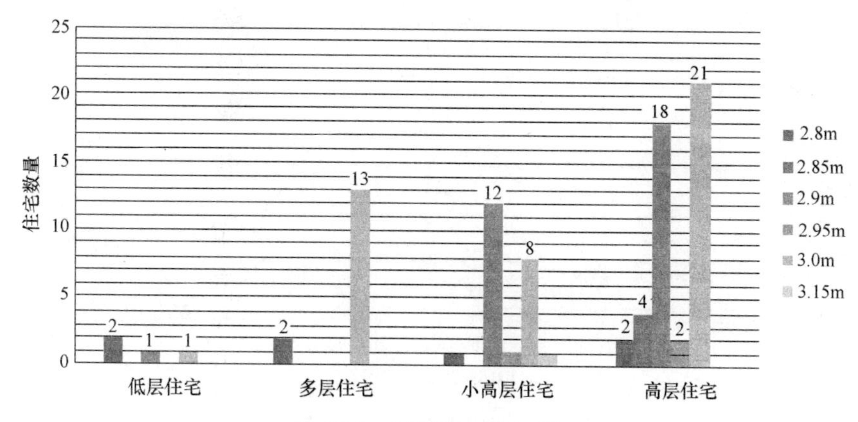

图 2-17　调研住宅层高分析

图片来源：作者自绘

窗是建筑最主要的得热、失热构件，是建筑节能的最薄弱环节。一般外窗的保温性能比外墙要差很多，而且窗的四周与墙相交的地方容易出现热桥，外窗面积越大，传热量就越大。因此，从降低建筑能耗的角度出发，必须合理地设置窗墙比。

根据《严寒和寒冷地区居住建筑节能设计标准》JGJ 26—2010 的规定，寒冷地区住宅北向，东、西向和南向的窗墙比分别应不大于 0.3、0.35 和 0.5。如果超过规定的窗墙比限值，则要求进行围护结构热工性能的权衡判断，相应地降低传热系数，使建筑物的耗热量控制在规定的范围内。节能设计标准按照建筑不同的朝向，提出了不同的指标。北向的房间主要考虑防止冬季热量损失，故窗墙比设定了较小的数值；而东、西向的房间，主要考虑夏季防晒以及冬季防冷风渗透的影响；南向外窗，当其传热系数比较小时，在冬季室内可以获得从窗户进来的太阳辐射，有利于节能，故南向外窗窗墙比数值较大。

在对天津市 89 栋住宅进行调研后，对建筑各个朝向的窗墙比参数进行了分析对比，得出：

（1）南向窗墙比完全符合相关节能设计标准的规定（图 2-19）；

（2）东、西向窗墙比仅有一栋塔式高层住宅超过了节能设计标准中的规定限值（图 2-18、图 2-20）；

（3）北向窗墙比大部分满足标准，多层及高层住宅中有少数住宅不满足要求（图 2-21）。

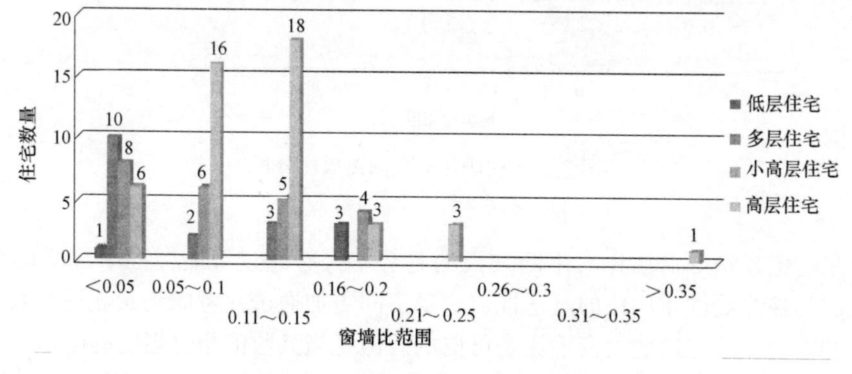

图 2-18　调研住宅东向窗墙比分析

图片来源：作者自绘

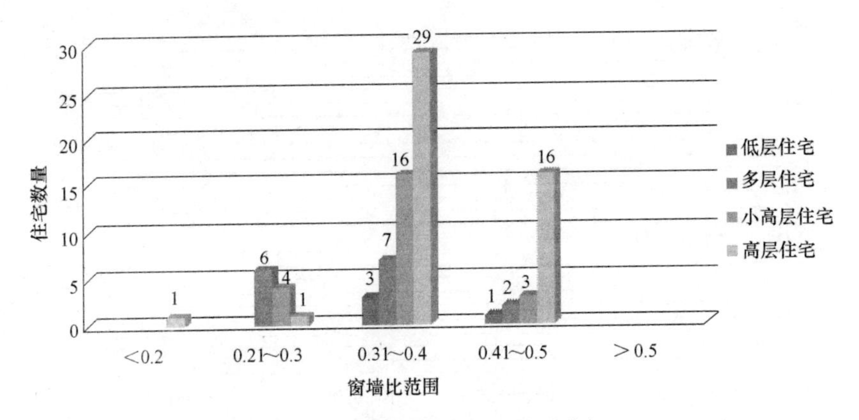

图 2-19　调研住宅南向窗墙比分析

图片来源：作者自绘

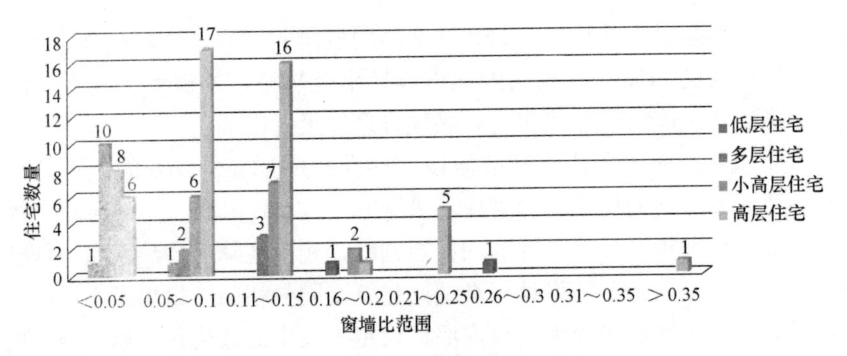

图 2-20　调研住宅西向窗墙比分析

图片来源：作者自绘

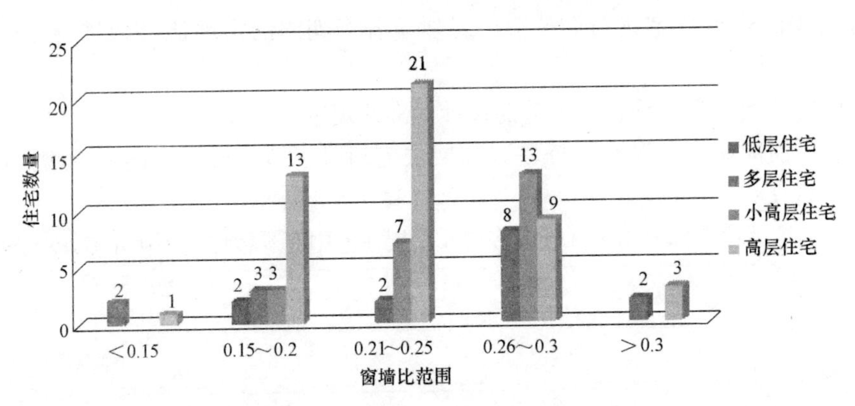

图 2-21　调研住宅北向窗墙比分析

图片来源：作者自绘

近年来住宅建筑的窗墙比有不断增大的趋势，大有超过节能标准中规定的限值的势头，这是因为住户更注重居住的舒适性，希望房间更加通透。考虑到景观视线及获得更多天然采光的需要，适当地放大窗墙比是可取的。但是当其数值超过规定的限值时，应首先考虑减小窗户的 K 值，即传热系数，并在夏季采用遮阳设施，其次可以减小外墙的传热系数加以平衡。

2.2.5　建筑围护结构

建筑外围护结构构成建筑主体，主要由外墙、外窗、屋顶及地面四个部分组成。建筑的能量损耗主要通过围护结构散失，因此，建筑围护结构的形式和热工性能对建筑节能至关重要。上文提及的体形系数、窗墙比等因素都直接影响建筑围护结构的形式，而围护结构的热工性能则是一个属性因素，它与建筑材料、建筑构造形式等因素有关。

我国的《严寒和寒冷地区居住建筑节能设计标准》JGJ 26—2010 对寒冷地区居住建筑围护结构的传热系数的最高限值作了明确规定（表 2-12），并指出：当建筑围护结构的热工性能参数不满足限值要求时，必须进行热工性能的权衡判断，确定建筑的耗热量是否达到要求。

外围护结构平均传热系数限值①　　**表 2-12**

围护结构部位		K_m [W/(m²·K)]		
		≤3 层的建筑	4～8 层的建筑	≥9 层的建筑
屋面		0.25	0.30	0.30
外墙		0.30	0.45	0.55
架空或外挑楼板		0.30	0.45	0.45
非采暖地下室顶板		0.35	0.50	0.50
分隔采暖与非采暖空间的隔墙		1.2	1.2	1.2
分隔采暖与非采暖空间的户门		1.5	1.5	1.5
阳台门下部门芯板		1.2	1.2	1.2
外窗	窗墙面积比≤0.2	2.0	2.5	2.5
	0.2＜窗墙面积比≤0.3	1.8	2.2	2.2
	0.3＜窗墙面积比≤0.4	1.6	1.9	2.0
	0.4＜窗墙面积比≤0.45	1.5	1.7	1.8
围护结构部位		保温材料层热阻 R(m²·K/W)		
周边地面		1.4	1.1	0.83
地下室外墙(与土壤接触的外墙)		1.5	1.2	0.91

表格来源：参考文献 [5]

在本研究进行的住宅调研中，天津地区 89 栋住宅的围护结构的热工性能参数均满足节能设计标准的要求，同时由于住宅建筑类型的不同以及建筑结构选型的不同，各建筑的围护结构所选用的建筑材料及建筑构造方式都不尽相同。所调研住宅的建筑结构形式主要有砖砌体结构、框架结构、剪力墙结构、框架剪力墙结构以及短肢剪力墙结构等（表 2-13）。墙体材料主要有页岩空心砖、轻集料混凝土空心砌块、加气混凝土砌块、炉渣混凝土空心砌块、钢筋混凝土等。

天津地区 89 栋住宅建筑结构形式　　**表 2-13**

	低层住宅 ≤3 层	多层住宅 4～8 层	小高层住宅 9～13 层	高层住宅 ≥14 层	合计
砖砌体	1	5			6
框架结构	2	1	2	2	7

① 《严寒和寒冷地区居住建筑节能设计标准》JGJ 26—2010。

续表

	低层住宅 ≤3层	多层住宅 4～8层	小高层住宅 9～13层	高层住宅 ≥14层	合计
剪力墙	1	5	18	45	69
框架剪力墙		3	2		5
短肢剪力墙			2		2
总计	4	14	24	47	89

表格来源：作者自绘

根据对天津的89栋住宅调研的结果分析，低层住宅主要采用框架结构（图2-22），多层住宅以砖砌体（页岩空心砖）和框架结构为主（图2-23），而小高层、高层住宅主要采用剪力墙结构（图2-24、图2-25）。本研究针对建筑围护结构的热工性能，对其构造方式进行分析。主体结构方面，砖砌体结构的外墙主要采用页岩砖，其他结构方式建筑主要以钢筋混凝土、轻集料混凝土空心砌块、加气混凝土砌块、页岩空心砌块等材料构筑主体结构。而在围护结构的保温隔热性能方面，如表2-14所示，天津地区住宅屋面主要采用挤塑聚苯板和模塑聚苯板为保温材料，外墙的保温材料以挤塑聚苯板、模塑聚苯板和岩棉复合板为主，非采暖地下室顶板以及非采暖楼梯间隔墙主要通过运用挤塑聚苯板、模塑聚苯

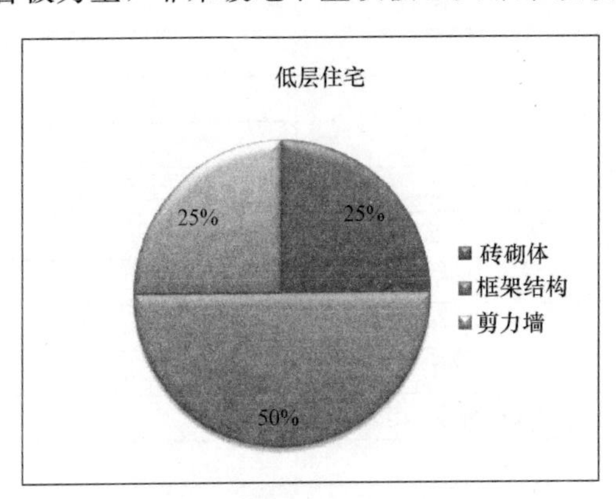

图2-22　低层住宅的结构形式

图片来源：作者自绘

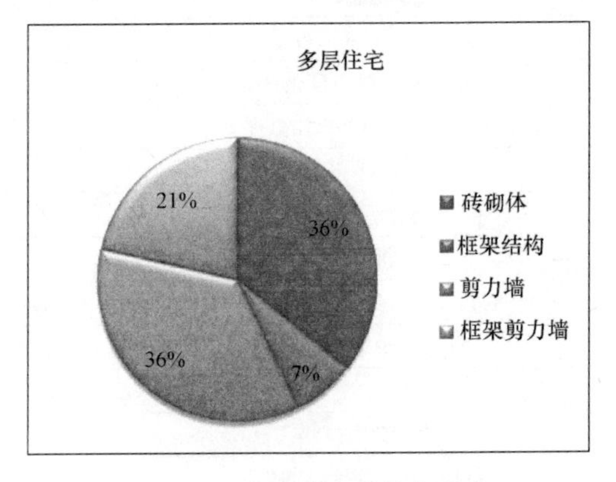

图2-23　多层住宅的结构形式

图片来源：作者自绘

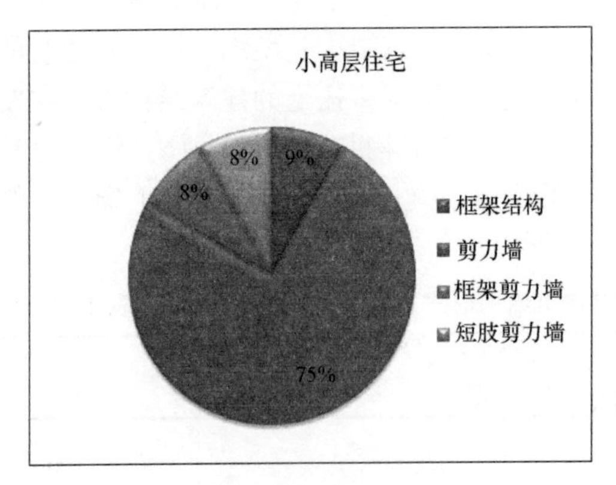

图2-24　小高层住宅的结构形式

图片来源：作者自绘

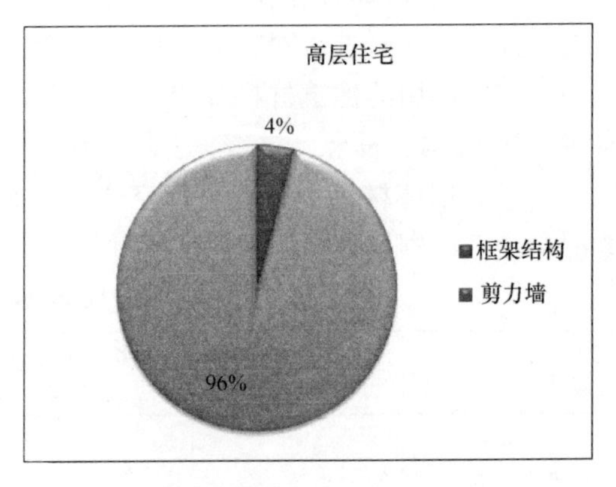

图2-25　高层住宅的结构形式

图片来源：作者自绘

板、FTC（自调温相变节能材料）、保温砂浆和喷涂超细无机纤维材料来实现保温效果，住宅外窗以塑钢双层中空玻璃窗和断桥铝合金双层中空玻璃窗为主，入户门的门芯板绝大多数以 30 厚岩棉填充。

天津市 89 栋住宅主要围护结构选用保温材料　　**表 2-14**

位置	保温材料	结构类型					合计	百分比%
		砖砌体	框架结构	剪力墙	框架剪力墙	短肢剪力墙		
屋面	挤塑聚苯板	6	2	52	1	2	63	70.8
	岩棉复合板			2			2	2.2
	模塑聚苯板		5	10	2		17	19.1
	FTC				2		2	2.2
	泡沫混凝土			5			5	5.6
外墙	挤塑聚苯板		5	42	2	2	51	57.3
	岩棉复合板		1	11			12	13.5
	模塑聚苯板	6	1	15	3		25	28.1
	无溶剂聚氨酯硬泡			1			1	1.1
外窗	塑钢中空玻璃	2	2	21	1		26	29.2
	断桥铝合金中空玻璃		4	47	4	1	56	62.9
	塑料中空玻璃	4	1	1		1	7	7.9
非采暖地下室顶板	模塑聚苯板		2	8	1		11	12.6
	FTC			7			7	8.0
	挤塑聚苯板	3	1	17	4		25	28.7
	超细无机纤维	2	3	28		1	34	39.1
	玻璃棉板			2			2	2.3
	岩棉板			7		1	8	9.2
非采暖楼梯间隔墙	聚苯颗粒保温砂浆			6	1	1	8	9.3
	FTC	2	2	28			32	37.2
	无机保温砂浆	3		17	4	1	25	29.1
	膨胀玻化微珠保温防火砂浆			18			18	20.9
	无机纤维喷涂		3				3	3.5
户门	门芯板内填 30mm 厚岩棉	5	5	68	5	2	85	100

表格来源：作者自绘

注：FTC 代表自调温相变节能材料。

2.3　住宅设计参数对能耗影响程度分析

2.3.1　耗热量指标统计

统计所调研的 89 栋住宅的耗热量指标（由各设计单位提供，通过节能软件计算所得），按照65%节能的要求，根据天津市居住建筑节能设计标准的规定，所有住宅的耗热量指标均满足表2-15的要求。

天津地区建筑物耗热量指标规定（65%节能）　　表2-15

建筑物耗热量指标(W/m²)			
≤3层	4～8层	9～13层	≥14层
17.1	16.0	14.3	12.7

2.3.2 设计参数对能耗影响程度分析

上文研究得出的住宅设计参数会直接影响建筑的能耗水平，但在节能设计标准中，仅对建筑的体形系数和围护结构热工性能作了直接的限值规定，可见这两个因素直接关系到建筑物的节能率。由建筑物耗热量指标的计算公式可以看出，围护结构的 K 值对其结果有直接影响，同时不同的设计因素对住宅能耗的影响程度不同。因此，本研究将剔除围护结构 K 值对能耗的影响，直接分析建筑平面长度、平面进深、层高、建筑高度、体形系数、不同朝向窗墙比、平面形状、建筑结构对能耗的影响程度。

为了得到不同设计参数对住宅耗热量的影响水平，以便在节能设计中确定主要设计因素，这里将采用统计分析方法，选用SPSS软件对不同的设计参数与建筑物的耗热量进行方差分析，在0.05的水平上进行显著性分析，得到结论如表2-16所示。

不同设计参数对建筑物耗热量的影响水平分析　　表2-16

设计参数	长度	进深	层高	建筑高度	体形系数	东窗墙比	南窗墙比	西窗墙比	北窗墙比	平面形状	建筑结构
sig.	0.002	0.016	0.030	0.010	0.000	0.005	0.031	0.001	0.012	0.025	0.236
显著性水平	显著	显著	显著	显著	显著	显著	显著	显著	显著	显著	不显著

表格来源：作者自绘

由表2-16可以得出：

（1）对建筑物耗热量影响最大的是体形系数，在进行建筑节能设计时应该优先考虑。

（2）建筑平面形状以及平面尺寸对能耗值影响也很大，前者的影响略弱于后者，从体形系数的计算方法上也可以得到佐证。在进行建筑创作时，平面户型设计直接影响着居住功能，同时住宅平面形状的选择以及进深和面宽值的确定对节能住宅设计至关重要。

（3）建筑高度的变化直接导致建筑体量的改变，它对建筑节能影响明显。另外，降低建筑层高，可以减小散热面积，在一定程度上降低建筑能耗。

（4）窗墙比对建筑耗热量有直接影响，其中东、西向的开窗影响最大，其次是北向外窗，影响最小的是南向窗墙比。分析其原因，在寒冷地区，冬季南向外窗可以视为得热构件，通过它的散热量要小于日间太阳辐射得热量，而其他朝向的外窗均是明显的失热构件，故南向开窗大小对耗热量的影响要小于其他几个朝向的外窗。

（5）建筑结构的选择对建筑节能设计的影响不大。

2.4　本章小结

本章在分析寒冷地区气候特点的基础上，对居住建筑的节能设计特点进行了深入研究，提取出了住宅建筑设计中与建筑能耗相关的设计因素：平面形状、平面尺寸、建筑高度、体形系数、窗墙比、围护结构热工性能等。为了得到这些设计参数的取值范围，对天津市的 89 栋住宅进行调研，按照建筑类型、建筑平面形状、建筑体形系数、建筑平面长度和宽度、建筑层高、建筑高度、窗墙比以及围护结构状况等参数进行统计，并结合住宅设计相关规范标准，确定了各个参数的取值范围。

然后，通过计算所有调研建筑的耗热量，对不同设计参数在耗热量中的贡献值进行方差分析，得出不同设计参数对建筑耗热量的影响程度，建筑体形系数、平面形状、平面尺寸、建筑高度以及窗墙比都会对建筑能耗产生显著影响。

第三章　建筑能耗模拟方法

居住建筑的能耗分析是一个复杂的过程，它除了受到建筑设计参数，如体形系数、窗墙比、围护结构热工性能和气候因素的影响外，还会受到建筑室内人员行为方式以及建筑采暖、空调、通风系统的影响。因此，要分析居住建筑设计参数与能耗的定量关系，首先应该确定一种恰当的建筑能耗分析方法。

3.1　建筑能耗分析方法

建筑的能耗分析并不是简单的数值计算，须综合考虑建筑的各项相关指标。建筑能耗的分析方法主要有三种：建筑负荷计算法；建筑能耗软件模拟计算方法；建筑能耗现场检测分析对比方法。

3.1.1　建筑负荷计算法

建筑负荷计算法是建筑能耗分析最基础的方法，在进行计算时，需要考虑建筑围护结构的传热、室内家具和墙体的热吸收以及太阳辐射等因素，计算比较复杂。计算方法主要分为两类：静态计算方法和动态计算方法。

（1）静态计算方法

静态计算方法是一种简化的方法，计算速度快，适合手算，但是计算结果比较粗略。这种方法主要用于研究能耗趋势，比较建筑空调系统的优劣。这类方法主要有度日法、温频法、满负荷系数法等。

1）度日法

度日法常用来计算年累计耗热量，度日是指日平均温度与标准参考温度的差值，表示人对冷热的感觉，用度日数值具体量化冷热的程度。常用的有采暖度日数（*HDD*）和空调度日数（*CDD*）。

《严寒和寒冷地区居住建筑节能设计标准》JGJ 26—2010 中规定我国寒冷地区的采暖度日数以 18℃为标准，用 *HDD*18 表示，空调度日数以 26℃为标准，用 *CDD*26 表示。具体的计算方法如下：

$$HDD18 = \sum_{i=1}^{n}(18 - t_{e,i}) \tag{3-1}$$

$$CDD26 = \sum_{i=1}^{n}(t_{e,i} - 26) \tag{3-2}$$

其中，t_e为室外平均温度。

采用采暖度日数 *HDD*18 并不是说室外平均气温低于 18℃就开启采暖设施，很多情况下，室内总得热量等于散热量，而室内的设定温度也不一定是18℃。设定室内达到热平衡时的温度为 t_{bal}，得热量为 q_{gain}。

则
$$q_{gain}=K_{tot}(t_i-t_{bal}) \tag{3-3}$$

其中，t_i 为室内设定温度，K_{tot} 为室内热损失系数。

$$K_{tot}=\frac{Aq_H}{t_i-t_e} \tag{3-4}$$

其中，A 为建筑面积，q_H 为建筑耗热量指标，t_e 为室外平均温度。

由式3-3和式3-4可以看出，当室内达到热平衡时，t_{bal} 低于室外平均温度 t_e 时，室内的得热量小于热损失量，这时需要启用采暖设施。采暖度日数 HDD 可以表示为：

$$HDD=\sum_{i=1}^{n}(t_{bal}-t_{m,i}) \tag{3-5}$$

则建筑的全年采暖能耗 Q_H 可表示为：

$$Q_H=\frac{K_{tot}}{\eta_H}HDD_{bal} \tag{3-6}$$

η_H 为建筑采暖系统效率。

2）温频法

温频法是美国较为常用的一种方法，即BIN参数法，主要用于计算室内负荷与室外温度不成线性关系的建筑物的能耗。其计算方法是以不同室外干球温度下的瞬时负荷值乘以该温度出现的小时数。在具体计算时，首先根据气象参数，对室外气温按照1℃的间隔进行统计，得出各温度段的累积小时数，并计算出室外空气温度的频率分布，然后计算得出累计的系统冷热负荷值。对于热负荷 Q_H，可以按下式计算：

$$Q_H=\frac{K}{\eta}\sum_{i=1}^{n}N_i(t_{bal}-t_i) \tag{3-7}$$

式中：K 为建筑热损失系数，$K=U_0A$（kW/℃）；

U_0 为建筑围护结构传热系数（kW/m^2·℃）；

A 为建筑围护结构外表面面积（m^2）；

η 为采暖系统效率；

N_i 为第 i 个温频出现的小时数；

t_{bal} 为室内达到热平衡时的温度；

t_i 为第 i 个温频出现时室外温度值（℃）。

由于温频法是基于逐时的气象数据，而不是根据日平均值，所以相比度日法要更准确。

3）满负荷系数法

满负荷系数法是通过统计全年冷负荷设备的运行时间来预测全年的能耗，它仅用于计算冷负荷。在具体的操作中需要考虑制冷设备的工作情况，它比较适用于整体式机组及组合式单元，不适用于中央空调。冷负荷 Q_C 的计算可用下式表示：

$$Q_C=\frac{0.746Q_rH}{\eta} \tag{3-8}$$

式中：Q_r 表示制冷设备最大设计负荷（kW）；

H 表示制冷设备满负荷运行小时数；

η 为制冷系统运行效率。

（2）动态计算方法

动态计算法是比较精确的能耗计算方法，主要应用于计算机模拟技术，充分考虑了建筑围护结构热工性能，可得出全年的逐时能耗。主要有加权系数法和热平衡法。

1）加权系数法

加权系数法是动态计算法和静态计算法的一个折中，是由函数传递法推导而来的。加权系数有得热权系数和空气温度权系数。得热权系数是一系列的参数，表示建筑得热量转化为负荷的关系，它的数值反映了围护结构的蓄热情况以及蓄热的释放情况（式 3-9）。空气温度权系数表示的是室内温度与负荷的关系（式 3-10）。

$$Q(t)=v_0q(t)+v_1q(t-1)+\cdots-w_1Q(t-1)-w_2Q(t-2) \tag{3-9}$$

$$T(t)=\frac{1}{g_0}[(Q(t)-ER(t))+p_1(Q(t-1)-ER(t-1)+p_2(Q(t-2)-ER(t-2) \\ +\cdots-g_1T(t-1)-g_2T(t-2)-\cdots] \tag{3-10}$$

式中：T——室内空气温度（℃）；

$q(t)$——t 时刻得热量（kW）；

$Q(t)$——t 时刻室内冷负荷（kW）；

$ER(t)$——t 时刻空调系统的能耗量（kW）；

V_0，V_1，…，W_1，W_2，…为得热权系数；

P_1，P_2，…，G_1，G_2，…为空气温度权系数。

加权系数法在计算过程中有两个假设：一是假设建筑围护结构的传热模型是线性的，二是假设影响权系数的系统参数均是定值，而不是动态数据。这两点假设在一定程度上影响了模拟结果的准确性。

2）热平衡法

热平衡法是根据能量守恒定律来计算建筑能耗的，它的理论性更强，计算比较复杂。其计算公式由建筑外表面、内表面、建筑物本身以及室内空气的热平衡方程式组成，通过联立方程式可以计算得出建筑围护结构各表面及室内空气温度，从而计算室内的冷热负荷。热平衡法的计算原理如图 3-1 所示。

热平衡法对房间的热传递过程有详细的描述，它亦可以用于辐射供热系统，通过将辐射源当作计算表面，与其他的表面建立方程式求解，可以计算出辐射对室内热环境的贡献。建筑能耗模拟软件 EnergyPlus 就是采用这种方法进行室内温度计算的。

3.1.2 建筑能耗软件模拟计算

建筑能耗分析软件是分析建筑能耗以及指导建筑节能设计最好的辅助工具。建筑的热湿过程是一个极其复杂的过程，分析建筑的能耗要涉及气象条件、建筑围护结构特性、建筑内部设备特性等诸多因素，其相应的计算过程相当繁缛，计算量巨大。利用计算机来代替人脑完成复杂的计算工作，不仅在计算时间、效率上有很大的优势，在全面考虑建筑能耗所有影响因素下进行能耗模拟计算方面，更有不可替代的作用。

建筑能耗模拟软件可以进行建筑能耗特性分析、建筑的冷热负荷计算、控制系统设计以及建筑能源管理等方面的工作。按照建筑系统的模拟方式，可以分为顺序模拟方法和同

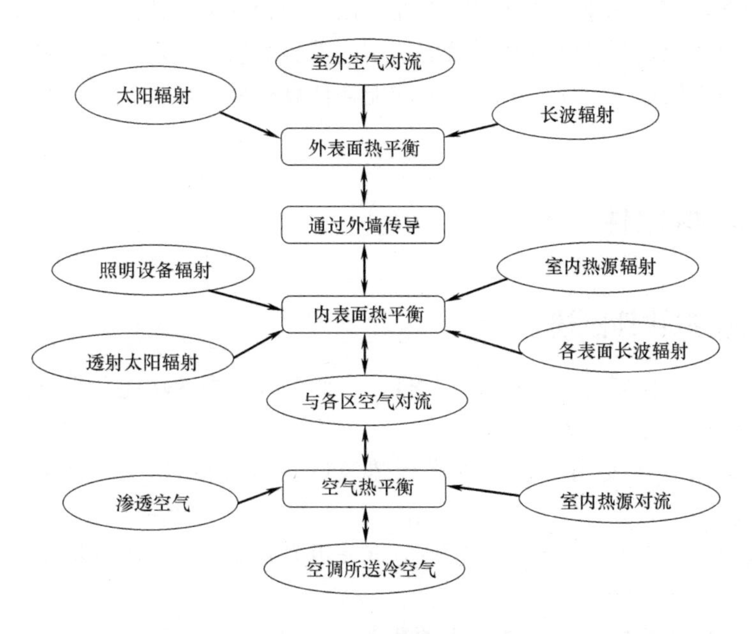

图 3-1 热平衡法原理图

图片来源：参考文献［110］

步模拟方法。

首先，顺序模拟方法讲究模拟过程的递进性，第一步模拟的结论是第二步模拟的参数。比如在进行模拟时，第一步计算建筑的全年负荷，第二步计算二级空调设备的负荷与能耗，第三步对建筑进行经济性评价。采用顺序模拟方法进行能耗计算，虽然可以节约计算时间，但是它一定程度上割裂了建筑设备系统、空调机组和冷热负荷三者之间的联系，模拟过程产生错误的概率较大。

与顺序模拟方法不同，采用同步模拟方法进行能耗模拟时，将同时对建筑系统设备、建筑冷热负荷和空调机组进行模拟，考虑了它们之间的耦合关系，提高了模拟的精确度。但是，这种方法在模拟时将花费大量的时间以及占用大量的计算机内存。EnergyPlus 就是采用同步模拟方法进行建筑能耗模拟计算。

3.1.3 建筑能耗现场检测方法

分析建筑能耗的另一个重要方法就是能耗现场检测方法。该方法主要利用温度自计议、热流量计等建筑热工检测设备测试建筑物冬季室内采暖能耗，采用耗电量法检测夏季空调能耗，同时对建筑物的窗户密闭性进行测试，得到建筑物的综合能耗。在对建筑进行能耗检测时，受到建筑物的复杂程度、建筑设备的运行状况以及测试仪器的精确度、测试操作的准确度等因素的影响，测试结果容易产生一定程度的误差，因此，这种方法只能对建筑能耗水平进行模糊分析，而无法作出精确的评价。

建筑能耗现场检测方法主要用于建筑物能源使用现状普查、建筑物节能效果相互对比以及建筑物节能设计的检测验证等。

为了能准确地研究设计参数与建筑节能的定量关系，本研究将采用计算机模拟的方法，对每个因素影响下的建筑能耗进行对比，以得到相互关系式。由于居住建筑能耗受到采暖、空调系统、建筑围护结构状况及建筑室内人员活动情况等因素影响，因此，选用一种全面的能耗模拟软件以及建立一个全面的能耗计算模型，显得尤为重要。

3.2 能耗模拟软件

3.2.1 能耗模拟软件概述

目前，世界上有很多建筑模拟设计软件，它们具有不同的功能和复杂程度，有不同的面向群体，大致可以分为四大类：

（1）设计软件，主要用于建筑师进行建筑以及系统设计，比如 AutoCAD，Revit-Building；

（2）建筑全能耗模拟软件，用来模拟建筑及相关系统实际的运行状况，预测和评价全年的能耗；

（3）能耗与环境影响分析软件，主要用来分析建筑节能新技术带来的经济和环境效益，往往在计算方面比较简单，输入界面容易操作，且能够迅速生成比较直观的结果；

（4）专业分析软件，主要用于科研，有专门开发的精确模型，比如计算流体力学模拟软件 Fluent，照明采光模拟软件 Radiance。

其中，建筑全能耗模拟分析软件可以模拟建筑物全年逐时的负荷及能耗，有助于建筑师根据整个建筑设计过程来进行节能设计。大部分的建筑能耗模拟软件由四个模块共同组成建筑系统模型：负荷模块（Loads）、系统模块（Systems）、设备模块（Plants）和经济模块（Economics）。其中，负荷模块用来模拟建筑围护结构及其与室外环境和室内负荷的影响关系，有多种计算墙体传热和负荷的方法，比如用热传导传递函数法（Conduction Transfer Functions）和反应系数法（Response Factor）计算墙体传热，用传递函数法（Transfer Function Method）、热网络法（Thermal Network Method）和热平衡法（Heat Balance Method）将建筑外窗、墙体得热及其内部负荷转换为冷、热负荷。系统模块用来模拟建筑空调系统的空气输送设备、风机盘管等装置。设备模块模拟锅炉、制冷机、能源储存设备、发电设备等冷热源设备。经济模块用来计算建筑负荷所需要的能源费用，对建筑系统进行经济性评价。

目前，世界上针对建筑能耗模拟的具有代表性的软件主要有 DeST、Ecotect、PK-PM、DOE-2、EnergyPlus 和 DesignBuilder，下面对这几个软件进行分析对比。

3.2.2 DeST（图 3-2）

DeST（Designer's Simulation Toolkits）是清华大学从 20 世纪 80 年代末开始研究，历经十余年逐步开发出来的面向设计院人员的一款建筑环境设计模拟软件。它可以用于建筑能耗模拟以及建筑环境系统的分析设计，使建筑的设计质量、可靠性得到提升，并在一定程度上对降低建筑能耗起到促进作用。DeST 的操作平台以 AutoCAD 为基础，具有良好的图形界面，便于建筑师进行操作。另外，DeST 具有以下特点。

（1）DeST 可以对空调系统进行全年逐时模拟分析，具有全年逐时气象数据模块和建筑分析模拟模块，拥有全国 100 多个主要城市的气象数据，可以对建筑室内房间的负荷以及温度进行逐时模拟，并基于建筑热平衡，采用空间状态法进行计算。

（2）DeST 可以进行全工况条件下的建筑能耗模拟，它拥有自然通风模拟模块（VentPlus）、建筑阴影计算模块（BShadow），可以在综合自然通风、太阳辐射等气候气象条件下对建筑物进行能耗模拟。

（3）DeST 拥有空调系统方案模拟模块（Scheme）、机械通风系统分析模块（DNA）、空气处理设备模拟模块（AHU）及冷热源系统和水系统模拟模块（CPS），可以选择设计不同的建筑设备系统，通过模拟在不同设备系统方案下的建筑能耗，来选择最佳的方案组合。

（4）DeST 拥有经济性评价模块，可以对建筑在概念设计阶段、初步设计阶段、详细设计阶段、设计后的经济评价这四个阶段进行综合的经济性评价。

经过多年的发展，目前 DeST 推出了 2011 版，可以支持 AutoCAD2007 以上版本。

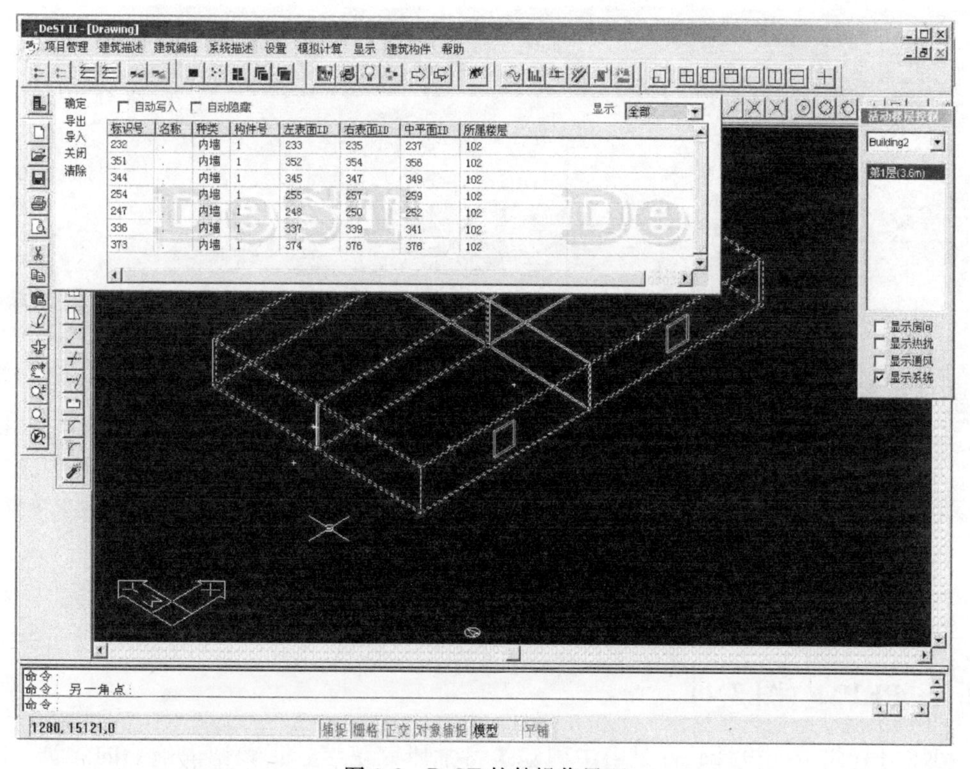

图 3-2　DeST 软件操作界面

3.2.3 Ecotect（图 3-3）

生态建筑大师 Ecotect 是由英国 Square One 公司开发的一款用于建筑技术性能分析的辅助设计软件，可以进行热工、日照、声学、照明、造价 5 个方面的模拟分析，主要应用于建筑方案设计阶段。Ecotect 具有强大的建模功能，可以在建筑概念设计阶段给建筑师一个良好的信息反馈。它的目的不是简单地帮助建筑师在设计中优化暖通空调系统，而是让建筑师可以在设计过程中寻求一种综合全面的方法以便更容易地创建一个低能耗建筑。

Ecotect 采用权威的核心算法，与 EnergyPlus、Radiance 等模拟分析软件具有良好的对接口，尤其是与 Sketchup 软件能够充分地配合使用，极大地提升了建筑师的方案设计理念，对建筑节能设计有很大的帮助。Ecotect 采用数据累积的方式进行系统输入，用户只需输入简单的几何信息就可以建立初始模型。而当模型确定需要修改时，用户则需要作出更多的详细选择，输入更多的数据。这样就很大地减轻了建筑师的负担，只需简单的几步操作就可以分析如太阳光照射、遮蔽选项和可用光照等内容。但是由于其分析建筑性能过于广泛，给使用者输入数据带来很大麻烦。

Ecotect 软件于 2008 年被 Autodesk 公司收购，更名为 Autodesk Ecotect Analysis。被收购后，该软件很好地结合了建筑信息模型（BIM），与 Revit 模型有良好的对接，更好地体现了其作为辅助设计工具的特点与作用。

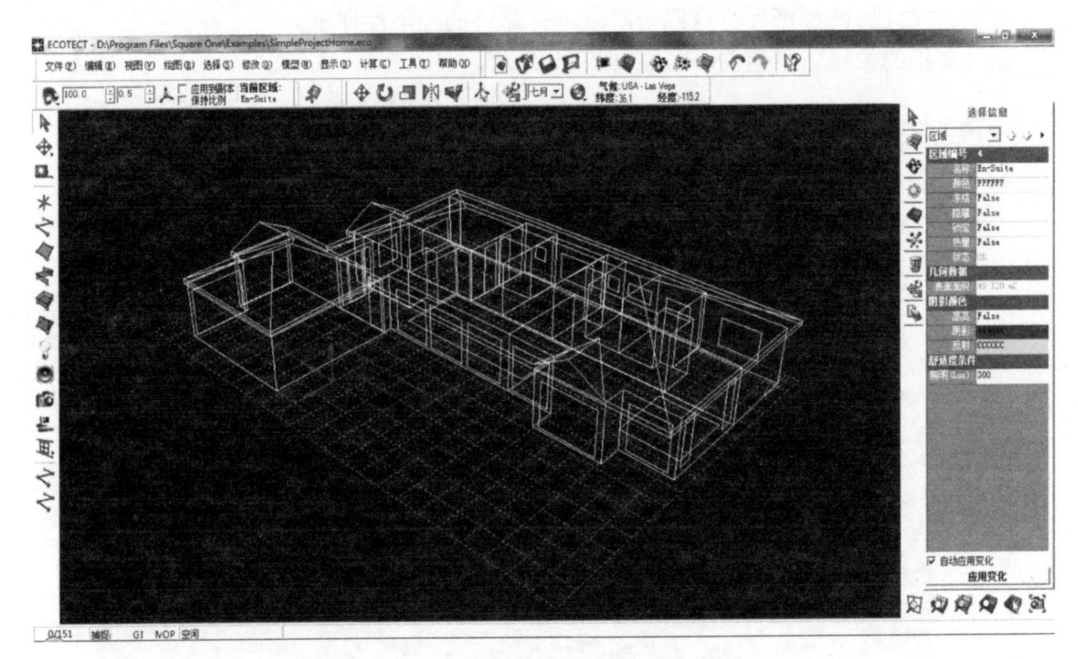

图 3-3　Ecotect 软件操作界面

图片来源：作者自绘

3.2.4　PKPM（图 3-4）

PKPM 建筑节能设计软件是由中国建筑科学研究院综合目前国内施行的建筑节能设计标准以及全国主要省市的实施细则而开发的一款建筑节能设计分析软件。该软件旨在帮助建筑师迅速、便捷地对居住建筑和公共建筑进行节能设计，对建筑进行能耗分析，并生成最终的节能设计说明与计算报告。该软件可用于新建、改建、扩建的居住建筑与公共建筑的节能设计，可供建筑设计单位、审图和审批单位使用。

PKPM 建筑节能软件基于 AutoCAD 平台，可以直接从各种 DWG 文件中提取所有相关的建筑数据，因此可以对建筑的体形系数、窗墙比和围护结构的热工性能进行准确地计算。PKPM 计算建筑能耗时采用的是 DOE-2 内核，可以对建筑进行全年 8760 个小时的逐时能耗模拟。

PKPM 可以对全国所有气候区的建筑进行节能计算，由于各个气候区的气象数据不同，建筑围护结构传热量的计算方法也有所不同，在进行模拟时，需要对相关参数进行调整。PKPM 虽然基本将建筑材料的所有信息都收录在库，但是由于保温材料的传热系数较小，容易受到环境和施工的影响，所以在输入数据的时候必须输入修正系数，以得到正确的计算结果。

PKPM 建筑节能软件不单单是一个计算建筑全年能耗的工具，它更是一个为建筑师提供完整的节能解决方案的专家系统。随着它的不断升级与发展，在建筑经济性分析、节能管理信息化等方面都将有大的突破，它将成为我国建筑领域用于节能计算的一款领军软件。

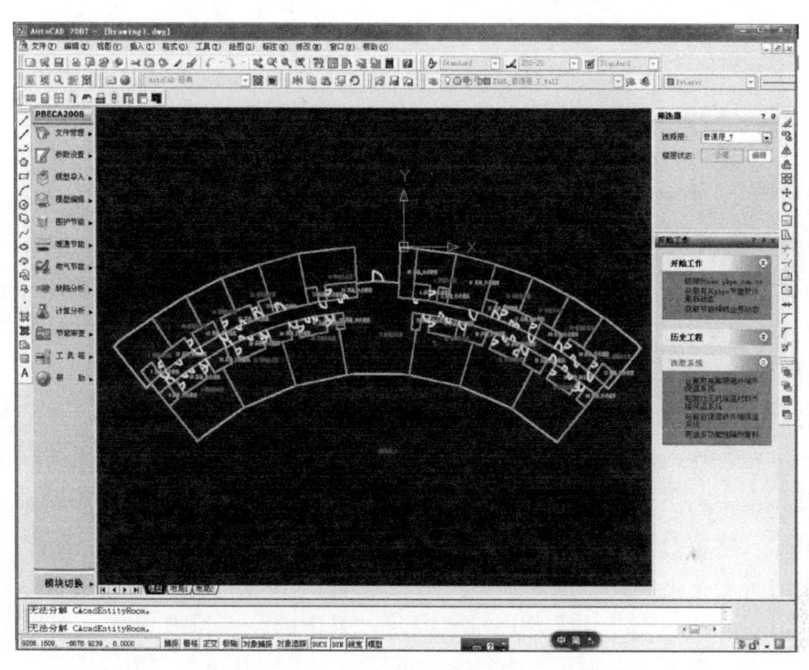

图 3-4　PKPM 软件操作界面

3.2.5　DOE-2

DOE-2 软件是 1981 年在美国能源部的支持下，由美国加州大学劳伦斯·伯克利国家实验室（Lawrence Berkeley National Laboratory）开发研制成功的，它是一款功能十分强大的建筑能耗模拟软件，目前已经得到了广泛应用。由中国建筑科学研究院主编的《夏热冬冷地区居住建筑节能设计标准》也是运用 DOE-2 软件进行的建筑综合能耗计算。

DOE-2 进行能耗模拟时采用的核心算法是反应系数法，以此方法来计算建筑围护结构的传热量。它可以通过输入逐时的气象资料、建筑模型的设计参数（平面尺寸、高度、围护结构）和使用情况（内部人员活动、照明状况、设备使用情况等）以及相关设备系统设计参数等信息，模拟建筑物的全年总能耗。DOE-2 的计算过程是一个动态平衡的过程，根据输入的建筑各项参数及室内外要达到的温度、湿度等指标的要求，进行动态的计算，从而得出建筑的全年能耗量，最终以表格形式输出模拟计算结果。

DOE-2软件的开发时间比较长，软件的完善程度比较高，其用户界面很人性化，方便操作，加之其强大的功能，目前在国内科研、设计、教育等领域得到了广泛应用。

3.2.6 EnergyPlus（图3-5）

EnergyPlus是1996年在美国能源部（Department of Energy，DOE）的支持下，由美国劳伦斯·伯克利国家实验室（Lawrence Berkeley National Laboratory，LBNL）、美国军队建筑工程实验室（U.S. Army Construction Engineering Research Laboratory）、伊利诺伊大学（University of Illinois）、俄克拉荷马州立大学（Oklahoma State University）及其他有关单位共同开发的一款建筑全能耗软件。它汲取了BLAST和DOE-2的优点，并具有一些新的特点，于2001年4月发布，EnergyPlus7.0是目前最新的版本，可以从互联网上免费下载使用。

EnergyPlus采用集成同步的负荷、设备、系统模型进行模拟，可以对建筑能耗进行逐时模拟，在系统模拟时，时间步长可以缩小到秒计数。EnergyPlus采用热平衡法计算负荷及室内温度，采用反应系数法（CTF）来计算围护结构传热，通过定义流量和时间或者COMIS模块来模拟各区域之间的气流，用WINDOWS（劳伦斯·伯克利国家实验室开发的计算窗户热性能的专业分析软件）程序来计算外窗的传热和玻璃的太阳辐射得热，并可以对遮阳装置和照明条件进行控制，采用了比DOE-2更为先进的天空模型，可以更为精确地模拟天空散射强度。

EnergyPlus通过输入建筑物的地理位置，利用自身所带的数据库，可得到所处地域的气象条件，然后输入建筑物的体形设计参数，建筑围护结构及所用材料的状况，建筑物内部的人员、设备、空气流通、照明等的情况，供热、通风、空调系统的形式、运行状况等所有建筑相关的信息，来进行建筑全年能耗的模拟。其中，系统模拟采用模块化的方法，把常用的系统类型和配置做成模块，方便选择操作，并可以在模拟时根据需要来调节时间步长。EnergyPlus对土壤传热进行模拟时，采用的是三维有限差土壤模型，运用简化的解析方法进行模拟。在进行室内舒适度模拟时，采用基于室内温湿度、人体活动量以及空气流动等参数的热舒适模型。在对建筑采光照明进行模拟时，可以对室内眩光度、照度进行计算和控制，并对人工照明的贡献度进行模拟。

EnergyPlus采用的气象数据包括国际能耗计算数据IWEC（International Weather for Energy Calculation）、太阳能和风能评估数据SWERA（Solar and Wind Energy Resource Assessment）、中国标准气象数据库CSWD（Chinese Standard Weather Data）以及中国典型气象年数据CTYW（Chinese Typical Year Weather），可以对建筑典型年的能耗量进行逐时模拟。

虽然EnergyPlus在建筑能耗模拟方面具有很多的优势，它提供了源代码，使用者可以根据自己的需要加入新的功能或者模块，但它仅仅是一个模拟引擎，缺乏一个直观的、易操作的用户界面是其最大的弱点，其界面还有待开发。另外，在模拟方面，它还不能对建筑的寿命周期费用进行分析统计，不能对建筑的全寿命周期经济性进行评价。最后，在面向建筑师方面，还不能成为其常用的设计工具。

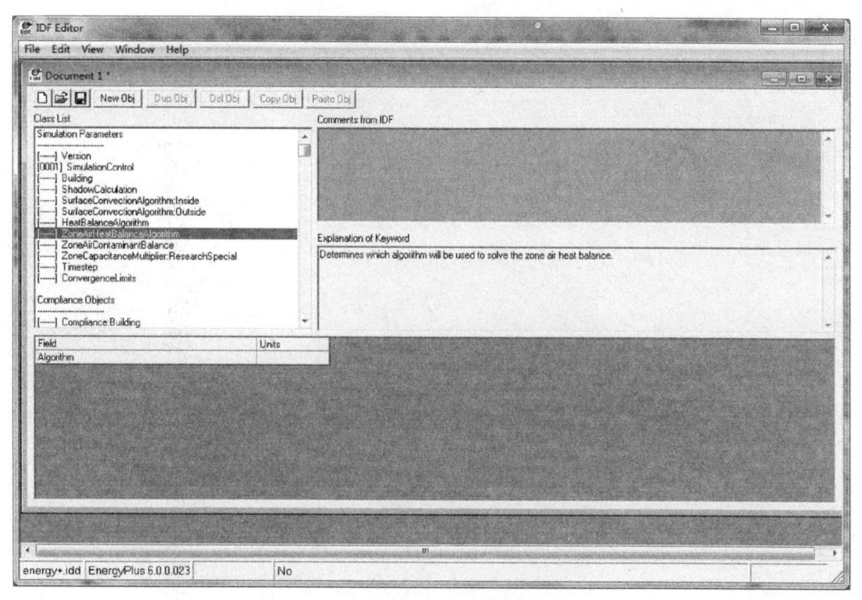

图 3-5　EnergyPlus 软件操作界面

图片来源：作者自绘

3.2.7　DesignBuilder（图 3-6）

DesignBuilder 是一款由英国公司开发的针对建筑能耗动态模拟程序（Energy Plus）的综合用户图形界面模拟软件。它可以应用在设计过程中的任何阶段，通过提供性能数据来优化设计和评估。DesignBuilder 使用非常简便，可将复杂的建筑物迅速进行模型化。它使用数据模板，可以载入一般性建筑结构、建筑物内部的人物活动、HVAC 及照明系统到指定的模型。

DesignBuilder 可以对建筑外围护结构从热传递、能耗及视觉效果等方面进行评估；可以校核优化室内天然光，对照明系统进行能耗模拟；可以使用 CFD 模块计算建筑物内外部场的风速、温度和压力分布；可以对场地布局的可视化和遮阳，建筑物的自然通风，暖通空调系统的设计进行模拟计算。

DesignBuilder 可以迅速建立模型，可以三维可视化，可以将建筑物划分成不同的区域，对围护结构构造进行数值设置。它采用了易于操作的 OpenGL 固体建模器，可对建筑构件的详细尺寸、房间的面积及体积进行可视化掌控。

DesignBuilder 的能耗模拟引擎采用 EnergyPlus，可以按年、月、日、小时及更小的时间间隔进行全年的能耗模拟，并可以对建筑能耗、室内温度、围护结构热传递、建筑冷热负荷及 CO_2 产生量进行逐时模拟。

DesignBuilder 中包含了最新的美国采暖、制冷与空调工程师学会（American Society of Heating，Refrigerating and Air-Conditioning Engineers，ASHRAE）提供的世界气象数据和观测地点数据（4429 套数据），并可以免费使用。

DesignBuilder 可以导入 CAD 数据或者二维扫描图，也可用 gbXML 格式导入三维 CAD 模型，同时可以输出建筑设计的渲染图像和动画，包括遮阳的效果。该软件对模拟计算的结果以 PNG、JPEG、Bitmap、TIFF 等格式进行输出。

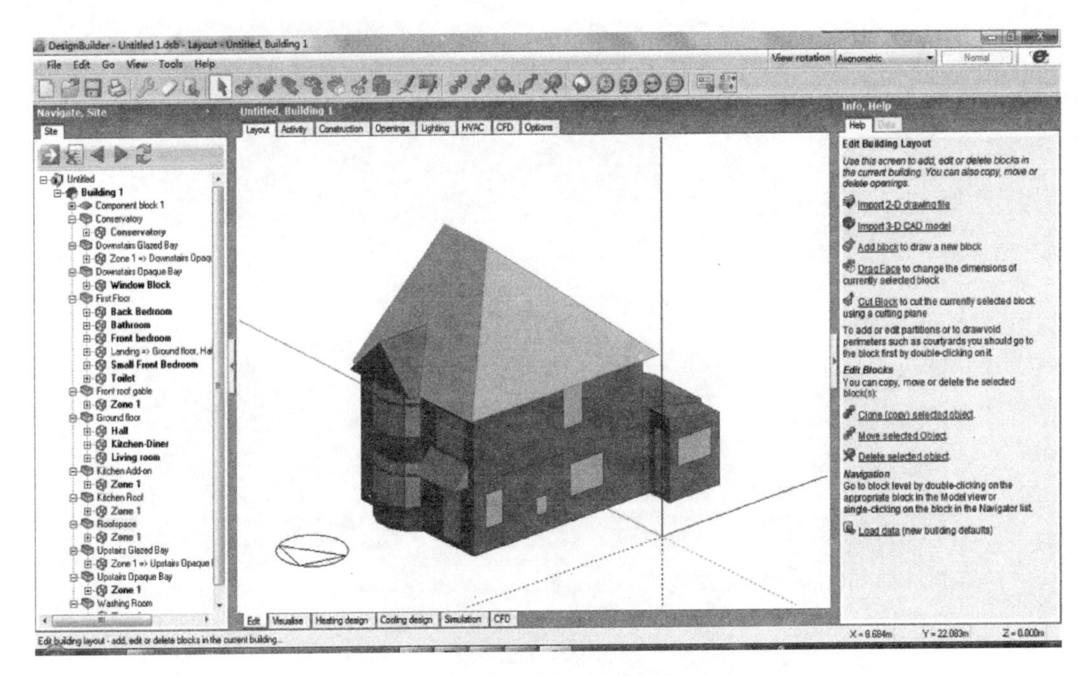

图 3-6 DesignBuilder 软件操作界面

图片来源：作者自绘

3.2.8 软件比选

通过对目前主流建筑能耗模拟软件的描述，对这些软件的特性进行分析对比，如表 3-1 所示。

各软件特性对比 **表 3-1**

	DeST	Ecotect	PKPM	DOE-2	EnergyPlus	DesignBuilder
图形界面	有	有	有	有	无	有
负荷模拟方法	热平衡法	导纳法	反应系数法	反应系数法	CTF、热平衡法	CTF、热平衡法
动态模拟	逐时	逐时	逐时	逐时	可到逐分钟	可到逐分钟
系统结构调整	√	×	×	×	√	√
精确温度计算	√	×	×	×	√	√
自然通风	√	×	×	×	√	√
墙体传湿	×	×	×	×	√	√
热舒适	×	×	×	×	√	√
遮阳可控	√	√	√	√	√	√
照明计算	√	√	√	√	√	√
天空辐射调整	×	√	√	√	√	√
经济性评价	√	√	√	×	×	×
用户自定义的输出报告	×	×	×	×	√	√

图片来源：作者自绘

纵观上述能耗模拟软件，EnergyPlus 作为新一代全面的能耗模拟软件，在负荷模拟方法、能耗模拟的全面性、模拟输出报告等方面具有较大的优势，但是 EnergyPlus 不提供用户友好界面，只供用户进行参数输入，更为重要的是，该软件在进行模拟时只反馈检查参数的合法性，而不对其合理性进行检查调整，需要用户花费大量的时间、精力来核对参数的合理性，给用户操作带来极大的不便。

相比于 EnergyPlus，DesignBuilder 以 EnergyPlus 为能耗模拟引擎，融合了它的所有优势，同时弥补了其操作界面的不足，方便用户建立模型，并有良好的可视化界面。故本书的研究采用 DesignBuilder 进行能耗模拟。

3.2.9　DesignBuilder 可靠性验证

通过上述对目前国内常用的几款建筑能耗分析计算软件的对比分析，可以发现 DesignBuilder 这款软件的优越性。它可以用来进行寒冷地区居住建筑的能耗模拟分析，下面将对该软件的可靠性进行进一步研究。

根据以往国内外学者的研究，针对软件的可靠性分析，主要有两种方法：程序间对比法和实验验证法。第一种方法是一种间接的验证方式，是通过与其他几种模拟程序进行类比，分析在程序的物理模型、模拟算法、输入输出方式等方面的差异是否会对模拟结果产生影响。但由于仅是程序之间的对比，根据结果无法判断优胜的软件是否符合实际的情况。实验验证法则是通过对建筑物的实际数据进行检测，与软件模拟的结果进行比对，以此评价软件的可靠性。但是实测过程比较复杂，检测数据不可避免地会出现误差，因此两者的数据难以吻合，即使两者数据很吻合，也会因为实测数据的误差而难以说明程序的正确性。

由于本研究中主要对居住建筑的能耗进行计算机模拟分析，故在软件方面主要保证能耗模拟的可靠性。DesignBuilder 使用 EnergyPlus 作为它的能耗模拟引擎，而 EnergyPlus 软件通过了 BEPAC 的热传导分析测试和 ASHRAE Standard 140P 的比较性测试，这两项测试中用 EnergyPlus 和其他同类型的能耗分析软件对同一建筑模型进行能耗模拟计算，对各个软件的模拟结果进行对比分析，得出 EnergyPlus 软件与其他软件的模拟结果比较一致，如图 3-7 所示。

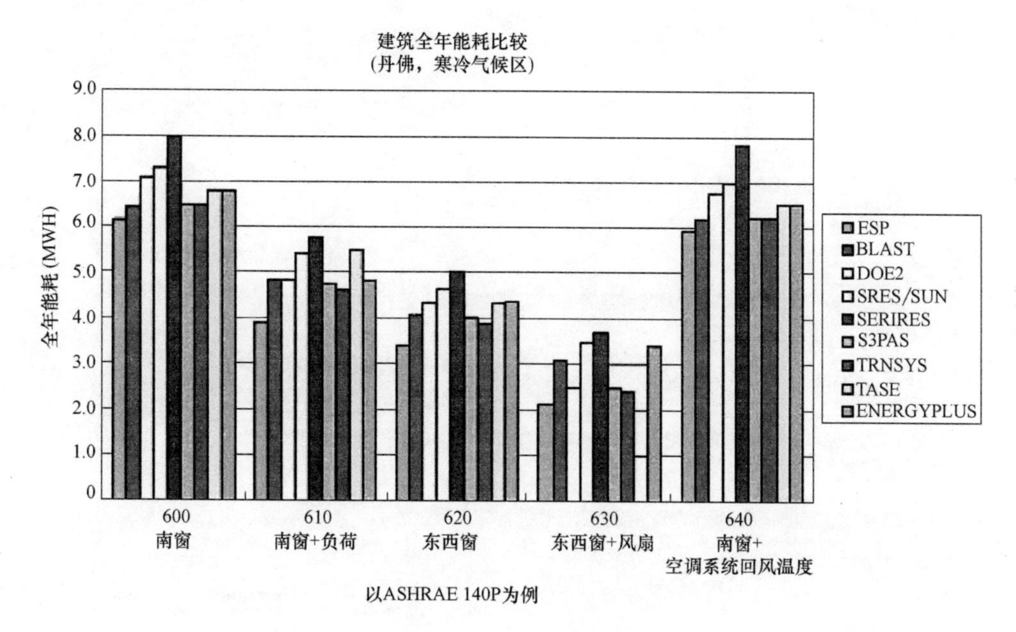

图 3-7　各软件性能比较

图片来源：参考文献［123］

3.3 模型边界条件

本书主要研究居住建筑设计参数如建筑的平面形状、尺寸、建筑高度、窗墙比等与建筑能耗的关系，在进行能耗模拟时，按照 DesignBuilder 的具体设置，需要考虑建筑的外部环境、内部人员活动情况、照明及通风条件、建筑采暖和空调系统、建筑围护结构形式等边界条件，在进行能耗模拟之前，需要进行统一设置。

3.3.1 气象条件

由于本研究的研究对象是我国寒冷地区的居住建筑，且已对天津地区的住宅进行了调查分析，故建筑模型的所处位置（Location）选择在天津。天津市地处华北平原，属于温带季风气候，是东亚季风盛行的地区。天津四季分明，春干秋爽，夏热冬冷。天津的年平均气温约为 11.6～13.9℃，7 月最热，月平均温度为 27.8℃，1 月最冷，月平均温度为 −4.3℃。年平均降水量在 360～970mm 之间，平均值是 600mm 上下。节能计算气象参数方面，依据《严寒和寒冷地区居住建筑节能设计标准》JGJ 26—2010 提供的资料，天津市的 *HDD*18=2743，*CDD*26=92。

能耗模拟时，气象资料直接调用该软件的能耗模拟引擎 EnergyPlus 自带的中国标准气象数据库（Chinese Standard Weather Data，CSWD）中天津地区的气象数据，该数据主要包括冬季、夏季设计气候及模拟气象资料（图 3-8）。

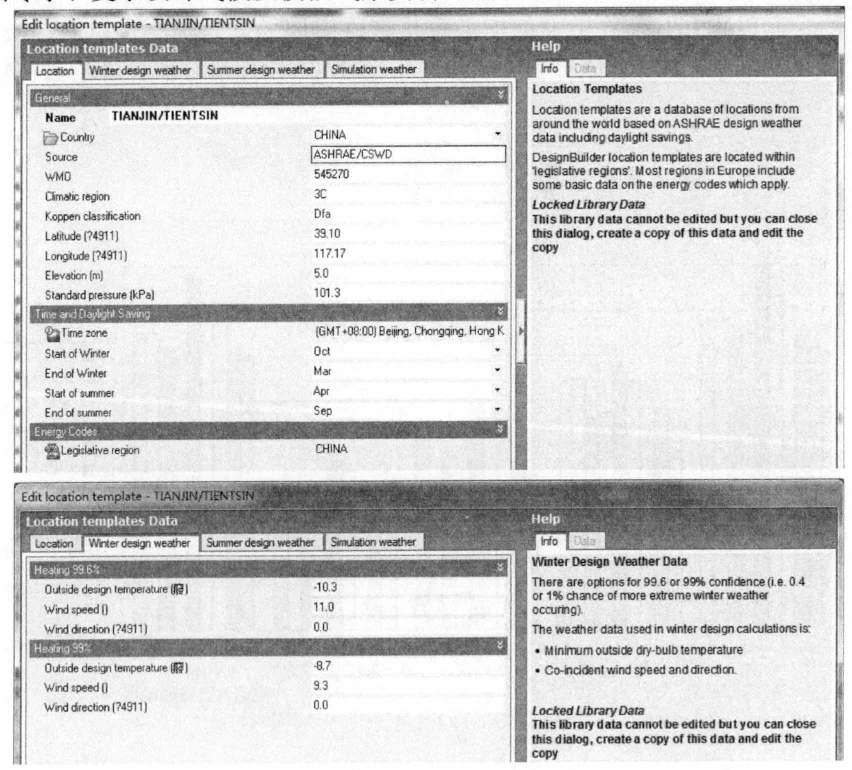

图 3-8　DesignBuilder 中模型所处地点选择及相应的气象参数

图片来源：作者自绘

3.3.2 Activity Template

建筑模型的主预置模板（Activity Template）选择“Dwell _ DomCirculation”，即住宅模板，该模板中包含了建筑内部人员活动情况、冬夏季室内计算温度、室内照度、空气新风状况、生活热水使用情况等与建筑能耗有关的因素。但是由于该模板中采用的数据均是参照英国的标准，部分数据不符合我国的现状，故为了保障模拟实验的准确性，本研究中参照国内住宅的设计状况，对部分数据进行了调整。参照《天津市居住建筑节能设计标准》DB29-1-2010，将夏季空调室内设计温度设置为 26℃（图 3-9）。

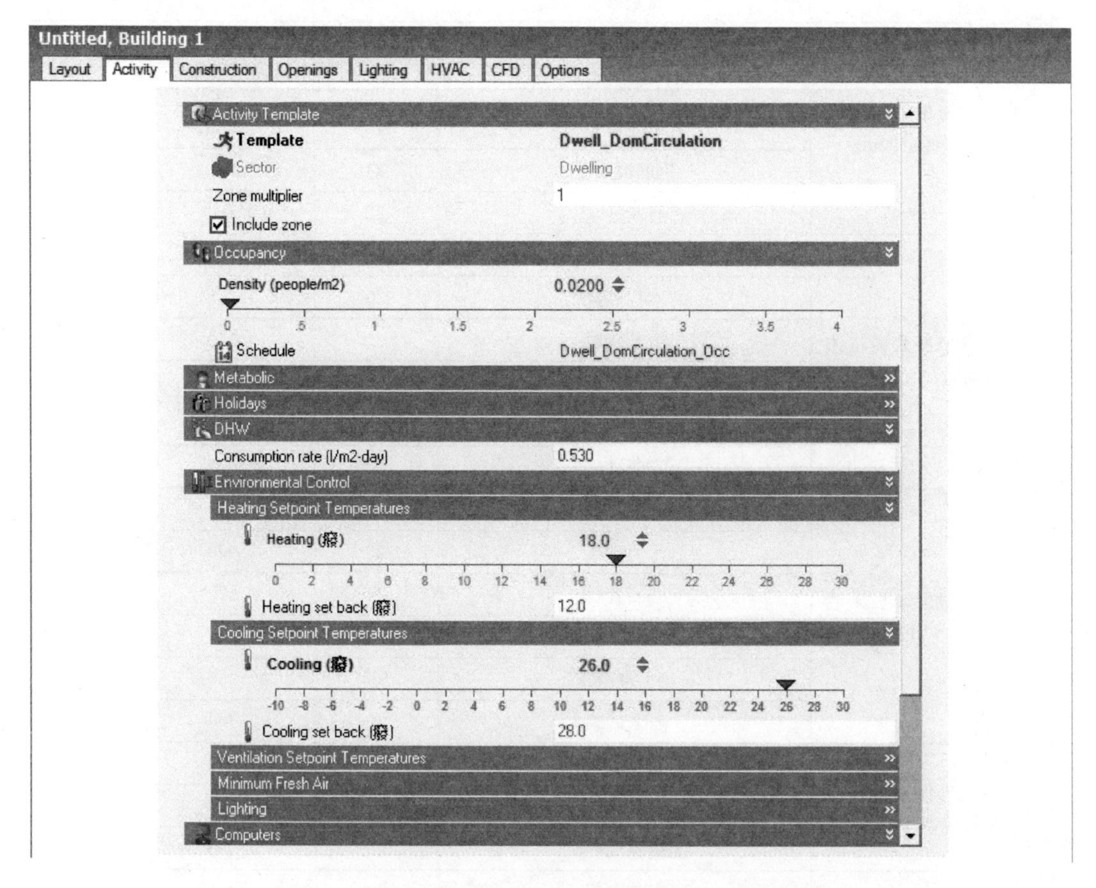

图 3-9 DesignBuilder 中 Activity Template 选项选择

图片来源：作者自绘

3.3.3 Construction Template

建筑的构造选择中，由于软件预置模块（Construction Template）都是以英国的建筑为例来设置的，故而不符合天津市的住宅建设状况。根据建筑围护结构的热传递特点及传热量计算方法，围护结构的耗热量与其材料厚度及传热系数有关，故控制所选建筑构造的尺寸与热工特性，选择接近天津地区建筑构造现状的材料，可以将计算结果的误差控制到较小的程度。表 3-2、图 3-10、图 3-11 所示为建筑围护结构的材料、构造情况。

建筑主要围护结构构造方式及热工性能 表 3-2

	构造方式	墙体构造	厚度(mm)	导热系数(W/m·K)	K 值(W/m^2·K)
外墙	模塑聚苯板＋页岩空心砖(460mm)	砂浆	3	0.880	0.466
		EPS 保温板	60	0.040	
		水泥砂浆	15	1.000	
		页岩多孔砖	360	0.840	
		石灰砂浆	22	0.800	
	挤塑聚苯板＋混凝土墙体(290mm)	砂浆	3	0.880	0.564
		XPS 保温板	50	0.034	
		水泥砂浆	15	1.000	
		钢筋混凝土	200	2.300	
		石灰砂浆	22	0.800	
屋顶	模塑聚苯板＋刚性防水(310mm)	水泥抹灰	40	1.350	0.320
		水泥砂浆	20	1.000	
		蛭石骨料	20	0.170	
		EPS 保温板	110	0.040	
		钢筋混凝土	100	2.300	
		石灰砂浆	20	0.800	
	挤塑聚苯板＋卷材防水(250mm)	沥青	4	0.170	0.396
		水泥砂浆	20	1.000	
		蛭石骨料	36	0.170	
		XPS 保温板	70	0.034	
		钢筋混凝土	100	2.300	
		石灰砂浆	20	0.800	
分隔采暖与非采暖空间的隔墙	无机保温砂浆＋页岩砖(280mm)	石灰砂浆	20	0.800	1.51
		页岩砖	240	0.620	
		无机保温砂浆	20	0.250	
	无机保温砂浆＋混凝土墙(240mm)	石灰砂浆	20	0.800	
		混凝土砌块	200	0.510	
		无机保温砂浆	20	0.250	1.499
户门	内填岩棉板	系统默认			1.042
外窗	断桥铝 Low-E 双层中空玻璃	双层 Low-E 玻璃(e2=.2) Clr 6mm/12mm 空气层	18		1.702
地面	XPS	XPS 保温板	20	R=0.728(m^2·K)/W	
		XPS 保温板	30	R=1.022(m^2·K)/W	

表格来源：作者自绘

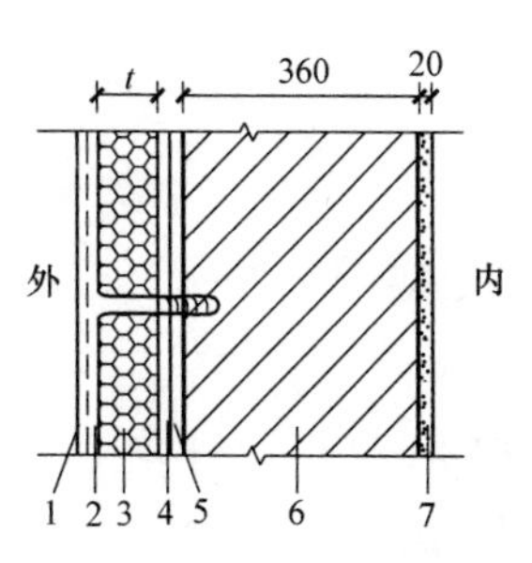

1.涂料饰面；
2.2.5～3.5厚聚合物砂浆，
中间压入网格布；
3.t厚挤塑板保温层(双面
专用界面剂处理)；
4.特用粘结剂；
5.15厚1∶3水泥砂浆找平层；
6.360厚页岩多孔砖；
7.20厚内墙抹灰。

图 3-10　砖砌体保温结构[124]

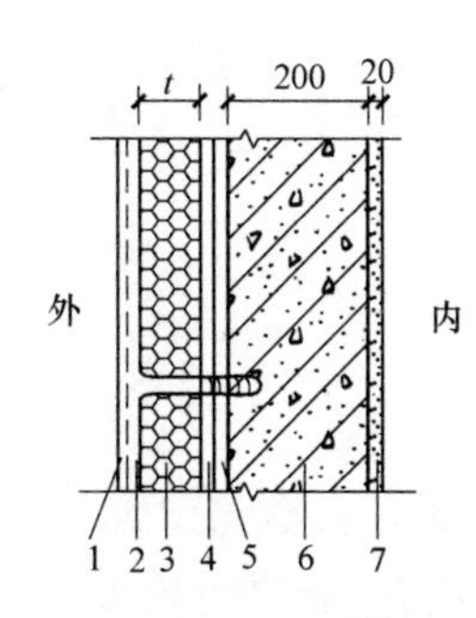

1.涂料饰面；
2.2.5～3.5厚聚合物砂浆，
中间压入网格布；
3.t厚挤塑板保温层(双面
专用界面剂处理)；
4.特用粘结剂；
5.15厚1∶3水泥砂浆找平层；
6.200厚混凝土剪力墙；
7.20厚内墙抹灰。

图 3-11　钢筋混凝土墙保温结构[124]

3.3.4　Glazing Template

建筑的玻璃窗（Glazing Template）选择默认的能耗计算模块（General Energy Code）。根据对天津市既有住宅调研的结论，外窗采用断桥铝合金窗，玻璃采用辐射率小于 0.25、空气隔层为 12mm 厚的 Low-E 中空玻璃；窗户的高度尺寸为 1.5m、1.6m、1.8m、2.0m，其中 1.5m 和 1.8m 较常见；窗户的宽度尺寸因房间功能及朝向的不同而不同，其中卫生间及东、西向窗一般较窄，多为 0.9m，南向窗户最宽，常见尺寸有 1.8m、2.1m、2.3m 等，北向窗户宽度多为 1.2m、1.5m。故本研究中将建筑的南向窗户高度设为 1.8m，宽度为 1.8m；东、西向高度设为 1.5m，宽度为 0.9m；北向窗户高度设为 1.5m，宽度为 1.2m。窗户选择双层中空 Low-E 玻璃，空气间层为 13mm，U 值为 1.702W/m^2·K，满足居住建筑节能设计标准的要求。窗墙比的设定将按照节能设计标准中对建筑各个朝向窗墙比的要求进行设置。另外，模拟时将不考虑建筑遮阳的因素。

3.3.5　Lighting Template

室内照明模块（Lighting Template）选择“General Energy Code”模板的缺省设置，根据《建筑照明设计标准》GB 50034—2004 的规定，住宅的 LPD 值（照明功率密度值）设定为 7W/m^2，室内的主要照明方式选择为吸顶灯照明。

3.3.6　HVAC

建筑供热、通风和空调系统（HVAC）方面，根据天津市住宅使用状况，目前主要采用的取暖方式是集中供暖，锅炉燃料主要为煤，热媒为热水，锅炉效率最低为 70%，住户使用端采用散热器，软件中模板选择“Central Heating Using Water：Radiators”。其中室内冬季计算温度为 18℃，供暖期从 11 月 15 日到隔年的 3 月 15 日，节能计算天数设定为 118 天。住宅建筑空调系统大部分采用分户独立式空调机组，软件中设置为简单的供电式空调系统，使用时间段由于住户的不同而有较大的波动，同时与夏季炎热程度有关，一般在室外温度超过 30℃时会开启空调。一天之内的空调运行时间跟天气状况有直接关系，一般选择开启时间段为 11：00～24：00，室内设计温度取 26℃；换气次数根据节能设计标准的要求，冬季为 0.5 次/小时，夏季为 1 次/小时。

3.4 模拟方法

3.4.1 物理模型

本书研究居住建筑设计参数与建筑节能的定量关系，主要的研究手段是采用DesignBuilder软件进行能耗模拟。在进行模拟时首先应该确定建筑物理模型。

为了减少计算机模拟的时间，简化能耗模拟过程，遂对建筑进行简化处理，提出建立理想模型的概念，并首先对理想模型的模拟准确性进行验证。

选取天津市建筑设计研究院滨海分院设计的海邻园二期1号楼，进行实际模型与简化模型的能耗对比试验。海邻园二期1号楼为2单元板式住宅，共11层，住宅平面趋近于长方形（图3-12），住宅进深为12.5m（轴线尺寸，计算距离不包括阳台），单元组合平面长度为29.6m（轴线尺寸），层高为3m，建筑结构层高度为33m。

首先，用DesignBuilder软件按照该住宅的设计参数建立能耗模型（图3-13、图3-14），平面房间分隔以及立面窗墙比等参数均按照实际设计进行模型建立，建筑外墙构造按照表3-2选择钢筋混凝土与挤塑聚苯板组合的方式，传热系数为0.56W/(m^2・K)，屋顶为挤塑聚苯板＋卷材防水，传热系数为0.40 W/(m^2・K)，楼电梯间及风井、管道井、设备井与采暖房间的隔墙设置为无机保温砂浆＋混凝土墙的构造方式，传热系数为1.50 W/(m^2・K)。按照节能设计标准的规定，将楼梯间、电梯井、风井、管道井等非采暖空间的冬季室内温度设定为12℃，HVAC设定方面，不采用采暖空调系统。

其次，建立简化模型，不考虑室内空间的分隔，不考虑非采暖楼梯间对建筑整体能耗的影响，而将建筑围护结构所围合的空间当作一个整体进行能耗模拟分析，只考虑该空间在竖向即楼层的分隔。另外，对建筑外墙进行“拉直”处理，去掉进退变化，将建筑平面简化为长方形平面。去除凸出阳台和凸出建筑立面的楼梯间后，简化后的住宅平面尺寸为29.9m×10.4m（长×宽）。

如图3-15、图3-16所示，建筑平面采用长方形，去除所有室内隔墙，在进行能耗模拟时，每层空间都按采暖空间进行设置，室内温度设定为18℃，选择采用散热器采暖系统。

另外，由于本研究是针对不同体形设计参数的影响而进行的能耗模拟实验，故在对比简化模型与实际模型的能耗效果时，将对模型进行高度参数的变化，用以分析由于建筑体形变化而引起的能耗变化方面，实际模型与理想模型的差别。分别对实际模型和简化模型进行能耗模拟，得出的结论如表3-3所示。

从模拟结论可以看出，相比实际模型，简化模型虽然对建筑室内空间进行了整合处理，去除了所有的隔墙（包括分户墙），但是由于将非采暖楼梯间转换为采暖空间，增加了冬季采暖及夏季空调面积，故简化模型的建筑全年总能耗大于实际模型的全年总能耗。折算到单位面积单位时间上的建筑，简化模型为8.471W/m^2，同样大于实际模型的7.887W/m^2。

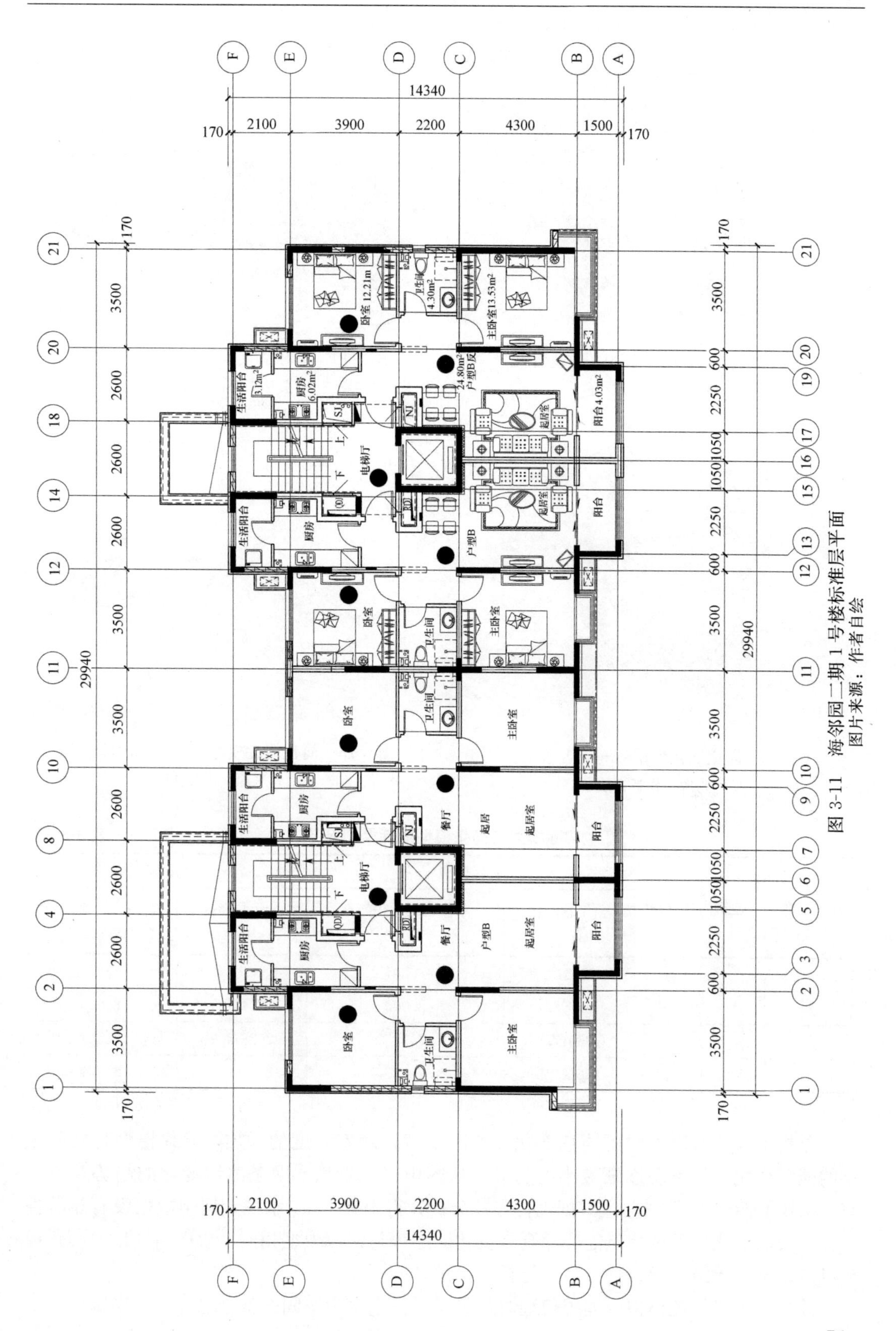

图 3-11　海邻园二期 1 号楼标准层平面
图片来源：作者自绘

图 3-13 实际能耗模型——外观效果
图片来源：作者自绘

图 3-14 实际能耗模型——房间内部情况
图片来源：作者自绘

图 3-15 简化能耗模型——外观效果
图片来源：作者自绘

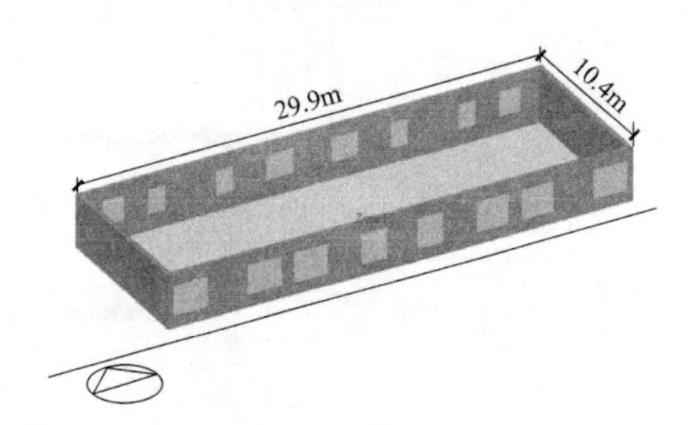

图 3-16 简化能耗模型——房间内部情况
图片来源：作者自绘

实际模型与简化模型能耗模拟结果 **表 3-3**

建筑层数	建筑高度(m)	实际模型		简化模型	
		全年总能耗(kW·h)	单位建筑面积能耗(W/m^2)	全年总能耗(kW·h)	单位建筑面积能耗(W/m^2)
3	9	82151.3	8.301	88515.1	8.917
6	18	158396.2	8.002	170491.1	8.595
9	27	235017.7	7.915	252844.2	8.501
11	33	286227.5	7.887	307899.0	8.471

表格来源：作者自绘

分析不同建筑高度时的能耗变化，如图 3-17，随着高度的增加，简化模型与实际模型的能耗变化，均呈现逐渐减小的趋势。从图中可以看出，两条曲线变化的趋势几乎一致，采用 Origin 软件对两组数据进行方差分析，得出在 0.05 水平上两组数据没有显著性差异，表示简化模型的建筑能耗随高度变化的趋势与实际模型相同。故得出结论：简化模型可以用于对建筑体形设计参数与能耗定量关系的研究。

综上，设置能耗模拟的理想模型时，除了对住宅室内空间的整合之外，在窗墙比、平面形状、建筑朝向等参数的设置方面，均要进行优化处理。居住建筑的能耗与建筑平面、体形系数、围护结构热工性能等因素有关，能耗模拟时理想模型须按照以下原则进行确定：

（1）由于不同类型住宅的能耗特点有所区别，故按照低层建筑、多层建筑、小高层建筑以及高层建筑分别进行建筑模型的确定。

（2）为了保证模拟结果的正确性，建筑模型的各项指标如体形系数、窗墙比、围护结构热工性能须符合《严寒和寒冷地区居住建筑节能设计标准》JGJ 26—2010 及《天津市居住建筑节能设计标准》DB29-1—2010 的要求，不得超过各项指标的限值。其中，建筑各个朝向的窗墙比取各项规定值中的最高值。

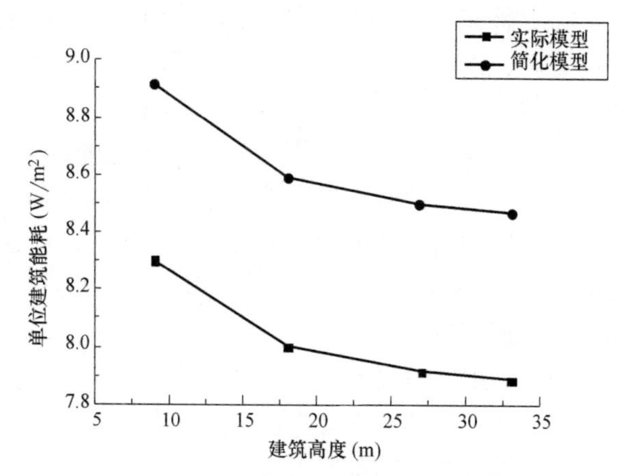

图 3-17　不同建筑高度的实际模型与简化模型能耗变化对比

图片来源：作者自绘

（3）为了方便模型输入以及缩短模拟计算的时间，在保证建筑合理性的前提下，将建立针对各种建筑类型的住宅简化模型。根据对天津地区住宅调研的结果，选择体形系数指标符合节能设计标准的住宅作为参考，通过减少立面凹凸、拉直墙体、整合室内空间等手段对建筑模型进行简化处理，分别得到不同住宅类型的简化建筑模型。

（4）在进行能耗模拟时，为方便模拟计算，将不考虑室内各采暖空间之间的传热以及非采暖空间如楼梯间的影响，故模型仅建立围护结构。另外，在模型中不设置住宅楼栋的单元门。

（5）在进行能耗模拟时，所有建筑模型都采用平屋顶，模型高度为建筑结构高度，凸出屋面的女儿墙以及其他凸出物将不作考虑。同时，不考虑室内外高度差。

（6）建筑的朝向选择方面，通过调研发现，受规划地块的形状及周边建筑形式的影响，建筑朝向的选择比较灵活，但大的朝向以坐北朝南为主。本研究中，建筑朝向不作为对建筑的影响因素考虑，故在进行能耗模拟时，建筑均设置为正南北朝向。

3.4.2　模拟方法

本书主要研究住宅的建筑设计参数如平面形状，组合平面的长度、宽度及建筑高度与能耗的定量关系。主要采用 DesignBuilder 软件。模拟计算将根据不同的建筑设计参数分为四个单独的模拟实验来进行，即分别以每种因素为惟一变量进行能耗模拟，单独分析每个设计参数与能耗的定量关系。

（1）模拟主变量与辅助变量

在进行能耗模拟分析时，每个单项的能耗分析中都将以某一个设计参数作为主变量，进行不同建筑模型的能耗模拟。除此之外，模拟过程中加入一至两个其他设计参数作为辅助变量，使其可以包含更多的建筑类型，研究几种设计变量共同影响下的能耗变化，以保证模拟的全面性和结果的准确性。

在本研究中共设置5个变量，分别为住宅类型、住宅平面形状、组合平面长度、组合平面宽度、建筑高度。其中住宅类型以板式住宅和塔式住宅为分类标准，将其设置为辅助变量，用以研究所有四个设计参数影响下的不同类型住宅的能耗状况。住宅平面形状、平面长度及宽度作为主变量因素，其数值范围以天津市住宅调研的结论为标准进行具体设置，进行能耗模拟时，每个设计参数以0.3m为差量进行变化。住宅高度则按照低层、多层、小高层、高层住宅为划分标准，参照天津市住宅建设现状，选择每个高度区间的常见层数如3层、6层、9层、11层、18层、25层、33层作为住宅高度的参考值，进行具体的能耗模拟分析。

（2）模拟变量设置

在进行建筑体形设计参数与能耗的关系研究时，需要确定每个单项研究中的主变量、辅助变量以及相关的限制条件。

进行住宅平面形状与能耗的关系研究时，平面形状为主变量，以建筑（标准层平面）面积为限制因素，即设定统一的平面面积，辅助变量则是建筑类型与建筑高度，包含各类型以及不同高度的住宅，以保证模拟过程的全面性和分析结果的准确性，并可以得到建筑高度影响下不同类型住宅的平面形状与能耗的定量关系。

研究住宅单元组合平面长度（户型面宽方向）与能耗的关系时，选择统一的平面形式和平面宽度（户型进深方向），即相同的平面形状和平面宽度为模拟的前提，住宅类型、建筑高度为辅助变量，由此可以得出不同建筑高度下不同类型住宅的平面长度与能耗的定量关系。

研究住宅单元组合平面宽度（户型进深方向）与能耗的关系时，以平面形状和组合平面长度为限制条件，以住宅类型、住宅高度为辅助变量，可以得出不同建筑高度影响下不同类型住宅的平面宽度与能耗的定量关系。

最后在研究住宅高度与能耗的关系时，选择相同的平面形状，以住宅类型、住宅平面长度及宽度为辅助变量，可以得出不同平面尺寸的住宅高度与能耗的定量关系，如表3-4所示。

能耗模拟变量设置 **表3-4**

辅助变量 / 主变量	住宅类型		住宅高度	组合平面长度	组合平面宽度
	板式住宅	塔式住宅			
平面形状	√	√	√		
组合平面长度	√	√	√		√
组合平面宽度	√	√	√	√	
住宅高度	√	√		√	√

注：“√”表示变量互为选择。

表格来源：作者自绘

（3）模拟过程设置

在居住建筑方案设计过程中，选择合理的建筑平面形状往往是首先要完成的工作，故在进行能耗模拟时，先研究住宅平面形状与能耗的关系，之后分别是组合平面的尺寸、建筑高度与能耗的关系。

在进行具体的能耗模拟时，首先统计各个设计参数影响下的建筑能耗，根据模拟结果绘制相关的变化曲线图，然后运用统计软件分析各参数对能耗变化的影响程度，并计算得出表示每种设计参数与建筑能耗定量关系的方程式。最后，综合所有的设计变量，推导出表示各变量与建筑能耗定量关系的总方程式。

在进行能耗模拟时，时间步长选择1天，对全年365天的建筑能耗进行数据输出，以Excel表格方式输出数据。

3.4.3　模拟评价指标

（1）建筑能耗组成

根据寒冷地区的气候特点，处于该地区的建筑主要应满足冬季保温的要求，因此，在节能设计标准中，主要考虑建筑因冬季采暖而产生的耗热量，同时分析以往有关寒冷地区居住建筑节能设计的研究，更多地是关注建筑的采暖能耗，少量研究中考虑了冬季空调能耗。但是住宅在运行过程中的能耗包括建筑冬季采暖能耗、夏季空调能耗、照明能耗和供水、供热以及其他方面的能耗，因此，本研究在评价建筑能耗水平时，需考虑住宅在运行中的所有使用能耗。

根据前几节的叙述，本研究主要采用计算机模拟的方法进行能耗研究，分析软件DesignBuilder的特性，其内嵌的EnergyPlus能耗模拟器可以对建筑使用过程中的所有能耗进行模拟计算，其中包括采暖能耗（Heat Generation）、空调能耗（Chiller）、照明能耗（Lighting）、系统循环水泵能耗（System Pumps）。

1）根据上一节中的描述，本研究中采暖系统采用集中供暖＋散热器的方式，所以采暖能耗＝采暖负荷/采暖系统效率（Heating System CoP）。计算采暖负荷时，需要考虑冬季太阳辐射得热对系统负荷的影响，而采暖系统的效率根据不同的房间区域进行独立设置。

2）本研究中，空调系统采用入户式分体空调系统，空调能耗＝空调负荷/空调系统效率（Cooling System CoP）。夏季通过外窗的太阳辐射对建筑的空调能耗有较大影响，而空调系统效率需根据不同的功能区域进行独立设置。

3）照明能耗与室内灯具的设计以及照度值的要求有关，其数值为建筑全年的热工照明用电量。

4）系统循环水泵能耗包括热水循环、空调水循环用水泵的能耗，其数值以水泵运行的耗电量来衡量。由于本研究中所用建筑模型不采用集中热水系统，所以其计量值仅包括空调用水泵的能耗。

（2）能耗评价指标

为了评价建筑的能耗水平，《严寒和寒冷地区居住建筑节能设计标准》JGJ 26—2010中采用了耗热量指标，表示“在计算采暖期室外平均温度条件下，为保持室内设计计算温度，单位建筑面积在单位时间内消耗的需由室内采暖设备供给的热量”①。建筑物耗热量指标相当于一个功率，是为维持室内温度，单位建筑面积在单位时间内需消耗的能量，将其乘以采暖时间，就可得到单位建筑面积所需供暖系统提供的热量。它仅是反映寒冷地区居住建筑在冬季采暖方面的能耗水平，实际的数值通过稳态传热的方法来计算。

① 《严寒和寒冷地区居住建筑节能设计标准》JGJ 26—2010。

本书主要考虑寒冷地区居住建筑全年的能耗水平，除了冬季采暖能耗外，还包括夏季空调能耗、室内照明能耗以及辅助设备的能耗。因此，采用 EnergyPlus 能耗模拟引擎对建筑物的全年总能耗进行模拟输出，计算步长采用 24 小时，但是针对采用不同设计参数的建筑，建筑总能耗指标不足以反映出各种建筑的能耗水平，故本论文提出采用单位建筑能耗指标进行能耗评价，即表示单位建筑面积在单位时间内所消耗的能量。

由于 DesignBuilder 软件采用 EnergyPlus 能耗模拟引擎，是对建筑全年 8760 小时的总能耗的模拟输出，能耗单位是 kW·h，故在进行数据分析时，将该数值转换成每平方米建筑每小时的总能耗，即单位建筑能耗，单位采用 W/m^2。

3.5 本章小结

本章首先对建筑能耗常用的分析方法进行论述，采用计算机模拟的方法能更加准确、全面地研究建筑设计参数与能耗的定量关系。在目前主流的能耗模拟引擎中，EnergyPlus 可以在全气候条件下对建筑进行全年能耗的逐时动态模拟，DesignBuilder 软件在兼具 EnergyPlus 所有优势的前提下弥补了其可视界面不足的缺点，故本论文将采用 DesignBuilder 进行建筑能耗模拟计算。

在天津市住宅调研的基础上，能耗模拟建筑模型的边界条件均以调研结论为参考，气象资料调用 CSWD 中天津市的相关数据，针对 DesignBuilder 软件的输入特点，从气象条件、Activity Template、Construction Template、Glazing Template、Lighting Template、HVAC 等方面，对建筑模型的边界条件进行逐一设置。

最后对能耗模拟的方法进行论述，在模拟时，采用理想建筑模型，不考虑住宅阳台、墙面凹凸、凸出屋面的女儿墙、入户门及室内外高差等因素，在保证模拟结果准确的前提下尽可能地缩短模拟时间、简化模拟过程。在设计能耗模拟实验时，按照不同的建筑设计参数，分别进行研究，每项单独的实验都将设置主变量因素与次变量因素，用以研究各个因素彼此之间的影响，保证实验结论的正确性。在描述能耗模拟的结论时，采用单位建筑能耗指标对建筑的能耗效果进行评价，以此反映不同类型建筑的能耗水平。

第四章　不同设计参数下的居住建筑能耗模拟研究

建筑师在建筑设计中起主导作用，同样，在建筑节能设计中也应发挥主导作用，利用自身的优势，运用建筑设计的方法来降低建筑能耗，达到建筑节能的效果。前文通过分析建筑能耗的特点得出，建筑的平面形状、平面长度、平面宽度、建筑高度以及窗墙比的设计均会对建筑能耗水平产生影响。故通过模拟计算不同设计参数下的建筑能耗值，分析得到这几个设计参数与建筑能耗的关系，将有助于建筑师选择更好的节能设计手段参与到建筑节能设计的工作中。

居住建筑的能耗模拟计算与气候条件、建筑围护结构的热工性能、建筑模型的设计参数、采暖通风空调系统的设计以及室内人员活动状况等相关，故选用计算机模拟的方法可以全面地考虑所有的因素进行较为准确的能耗模拟计算。因此，本研究采用 DesignBuilder 软件结合能耗模拟引擎 EnergyPlus 对不同条件下的建筑模型进行能耗模拟，以分析不同的建筑设计参数与建筑能耗的关系。

4.1　住宅平面形状与节能的关系研究

在研究居住建筑能耗时，首先研究建筑平面形状对其产生的影响。根据上一章中对软件模拟方法的论述，首先应确定建筑物理模型。

4.1.1　物理模型设定

在住宅的方案设计过程中，一般情况下，建筑面积是规定性指标，而建筑师需要根据限定条件选择恰当的平面形状。故在进行能耗模拟时，将建筑平面面积作为限制性指标，建立基于不同平面形状的建筑模型。通过对住宅现状的调研，住宅户型以两居室、三居室为主，塔式住宅以“一梯四户”平面为主流形式，标准层建筑面积 S 集中在 350～480m^{2}之间，板式住宅由于拼合户型单元变化较多，标准层面积有较大的变化范围。

本书第二章中对天津市居住建筑调研的结果进行了分析，由表 2-5 可知，目前住宅主要采用的平面形状有长方形、凸字形、工字形、十字形、“Y”形、“U”形、“Z”形、方形、井字形等。按照不同的住宅类型进行分析，比如板式住宅的平面形状主要为长方形，这也是由它的户型组合特点所决定的；而塔式住宅由于户型拼合相对比较自由，因此平面形状变化多样，可以呈现多种形式；独栋式住宅（别墅）作为一种特殊的住宅类型，其建筑设计的自由性更是决定了其千变万化的平面形式。因此，需要按照不同的建筑类型分别对采用各种平面形状的建筑进行能耗模拟。综合表 3-3，具体的模拟过程设计如表4-1所示。

住宅平面形状影响下的能耗模拟实验设计 **表 4-1**

住宅平面形状		建筑高度(层高 h=3m)						h=3.3m
		6层	9层	11层	18层	25层	33层	3层
多层、小高层、高层住宅，平面面积为 $360m^2$	凸字形							
	长方形							
	"H"形							
	十字形							
	"Y"形							
	"U"形							
	"Z"形							
	方形							
	井字形							
	"L"形							
独栋住宅，平面面积为 $100m^2$	长方形							
	正方形							
	圆形							
	三角形							

注：深色色块表示选择的实验样本。

表格来源：作者自绘

首先，塔式住宅主要为小高层和高层住宅，建筑体形比较丰富，平面形式种类较多，根据调研的结果，选择凸字形、长方形、"H"形、十字形、"Y"形、"U"形、"Z"形、方形、井字形这九种平面形式进行能耗模拟分析。根据现状调研的结论以及方便计算的原则，建筑标准层面积 A 设定为 $360m^2$，建筑层高 h 取 3m。考虑到建筑高度的不同可能对模拟结果产生影响，故选择建筑层数 n 为另一变量进行能耗模拟分析，n 选择 9 层、11 层、18 层、25 层以及 33 层。

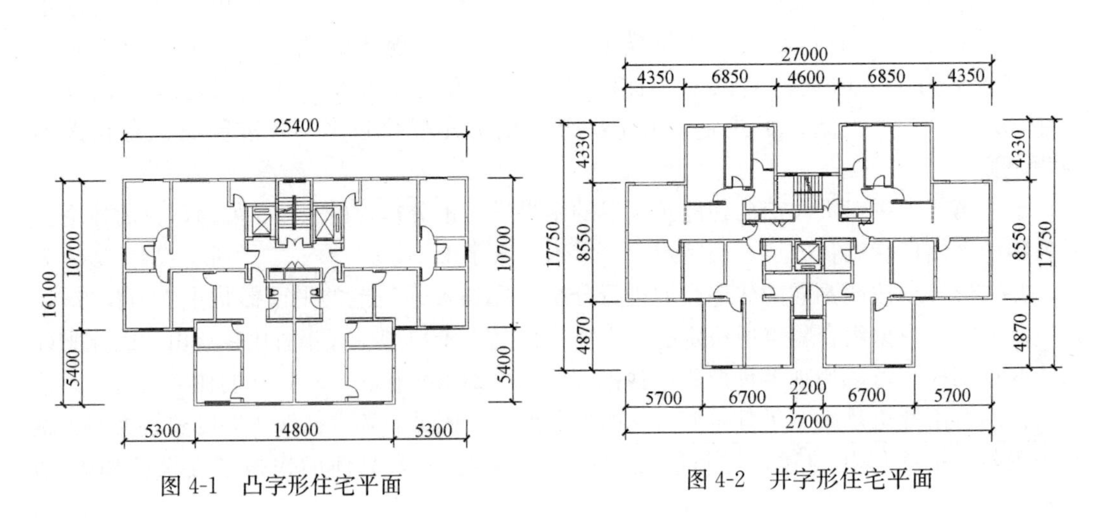

图 4-1　凸字形住宅平面

图 4-2　井字形住宅平面

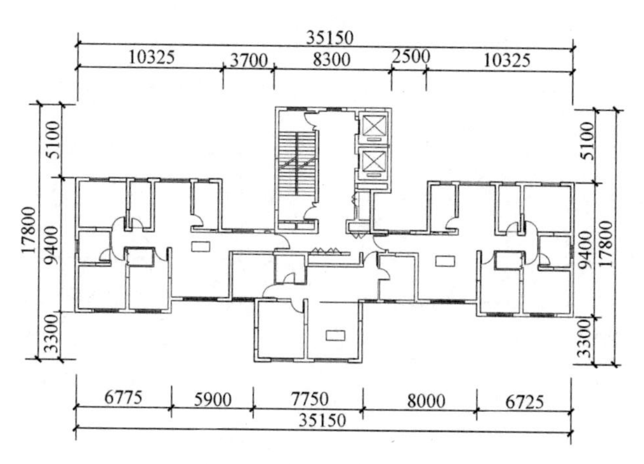

图 4-3 十字形住宅平面

其次，板式住宅主要为多层和小高层住宅，联排与双拼别墅也算作板式住宅。该类型住宅由户型单元拼合而成，故平面形式主要为长方形，部分双拼式住宅为正方形平面。另外，部分住宅在组合户型单元时，进行交错组合，即单元与单元之间保留一定的进退关系，或为营造围合空间而设计成拐角户型单元，故住宅的平面形式有凸字形、“Z”形、“L”形等。考虑平面形状的典型性，在本研究中，选取长方形、正方形、“Z”形和“L”形住宅作为研究对象。同塔式住宅一样，住宅标准层面积 S 和建筑层高 h 分别设置为 370m² 和 3m，取建筑层数 3 层、6 层、9 层、11 层为辅助变量。

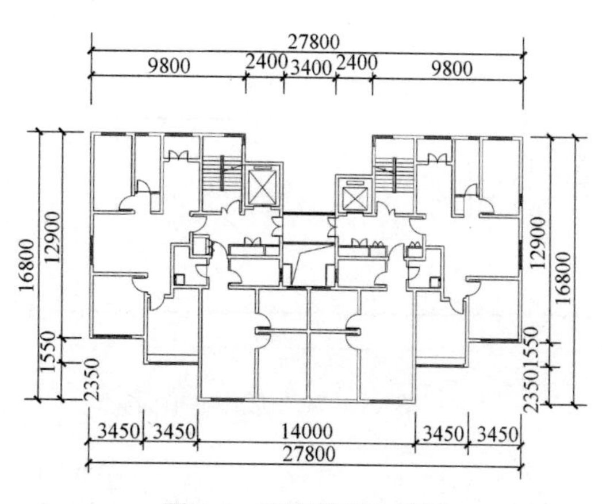

图 4-4 U字形住宅平面

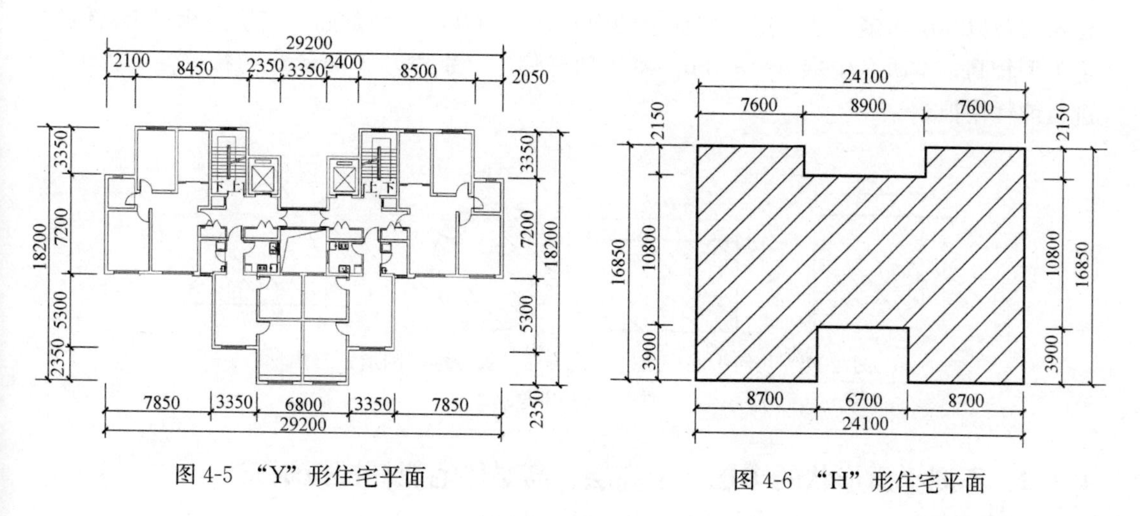

图 4-5 “Y”形住宅平面

图 4-6 “H”形住宅平面

图片来源：作者自绘

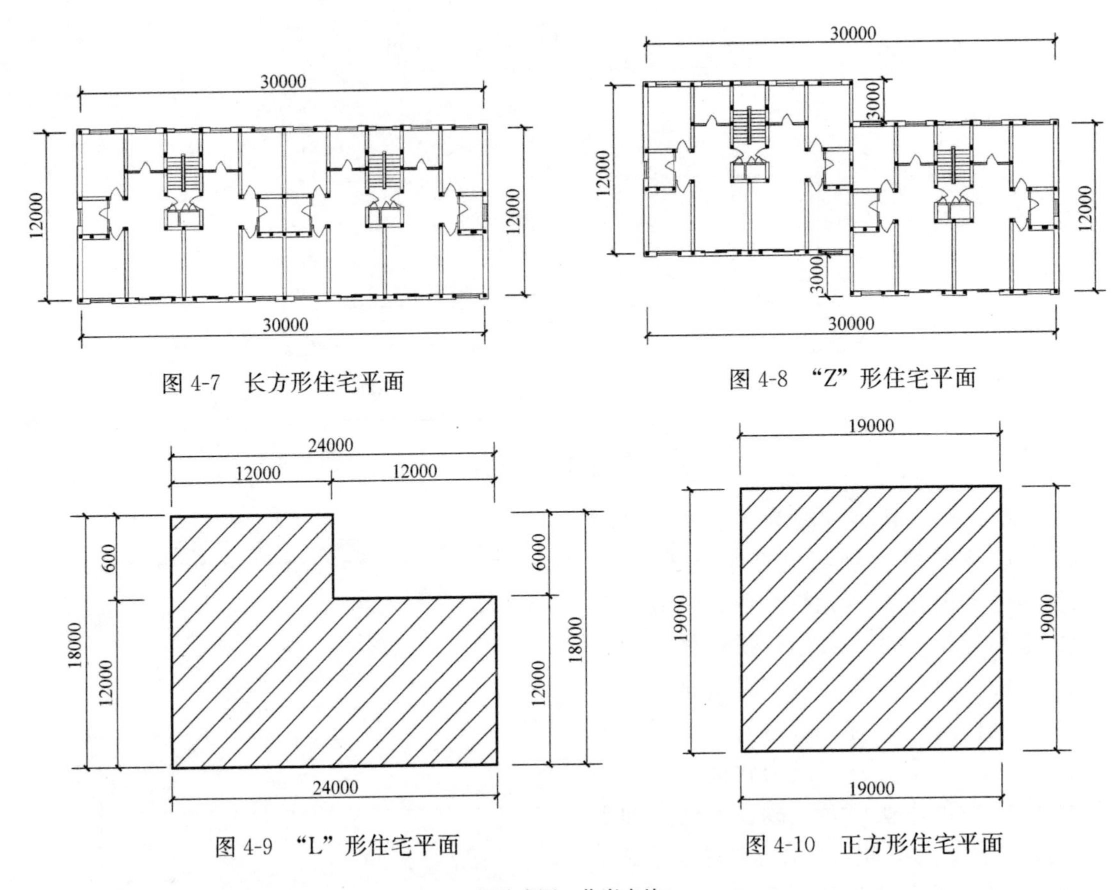

图 4-7　长方形住宅平面

图 4-8　“Z”形住宅平面

图 4-9　“L”形住宅平面

图 4-10　正方形住宅平面

图片来源：作者自绘

最后，由于独栋式住宅（别墅）的平面形式选择自由度太大，相关数据的调研工作基本无法开展，故本论文将独栋住宅的平面类型抽象为简单的几何平面，选用典型的长方形、三角形、圆形、正方形这四种平面形式（图 4-11）。独栋别墅的建筑面积与其档次有直接的关系，目前国内多数中档别墅的建筑面积为 200～350m^2，能耗模拟时选择 300m^2，建筑层数以 3 层居多，故设定单层住宅的面积 S 为 100m^2。别墅的建筑层高相对于其他住宅类型较高，本研究中取 h＝3.3m。鉴于独栋住宅（别墅）平面形式的特殊性，将单独进行能耗模拟。

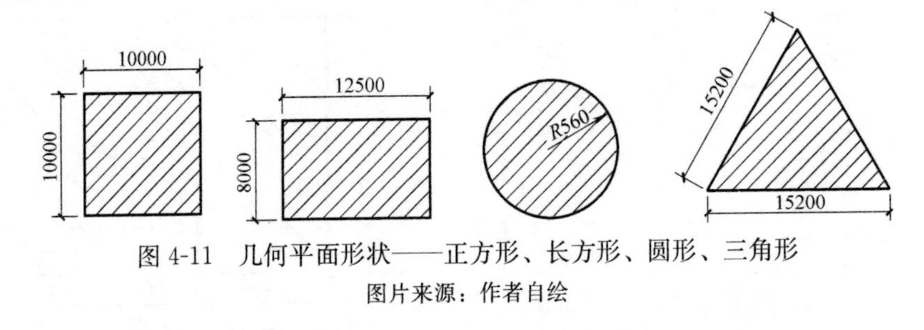

图 4-11　几何平面形状——正方形、长方形、圆形、三角形

图片来源：作者自绘

4.1.2　不同平面形状的多层、小高层、高层住宅能耗模拟研究

根据对住宅平面常用尺寸的调研结论以及基于方便模拟计算的原则，对于平面面积为

$360m^2$ 的板式建筑，如果户型平面为长方形，则进深 b 取 12m，故平面尺寸为 12m×30m（图 4-9）。塔式住宅的平面设计如图 4-1～图 4-7 所示，根据不同的形式，各种平面以面积 $360m^2$，确定各自合适的尺寸。建筑构造方式、建筑材料选择以及设备系统设计等其余建筑设计相关参数按照第三章中的论述，进行软件模拟参数输入，模拟结果如表 4-2 所示。

不同平面形状住宅的建筑总能耗（kW·h）　　表 4-2

住宅平面形状		建筑高度(层高 3m)					层高 3.3m
		6 层	9 层	18 层	25 层	33 层	3 层
多层、小高层、高层住宅，平面面积为 $360m^2$	凸字形		253921.3	505784.6	703422.6	930961	
	长方形	161799.2	240714.5	479195.4	666135.6	881675.9	
	"H"形		267367.2	532438.4	740484.3	980284	
	十字形		287711.8	574130.7	799110.5	1058462	
	"Y"形		282523.1	563446.5	783995.9	1038292.6	
	"U"形		282897.7	564141.7	785086.2	1039733	
	"Z"形	168830.4	251211.8	500206.5	695737.9	920766.1	
	方形	169200.7	251639.6	500865.4	696229.1	921116.8	
	井字形		279023.6	556439.1	774411.2	1025501.0	
	"L"形	169851.6	252717.2				

表格来源：作者自绘

不同平面形状住宅的单位建筑能耗（W/m^2）　　表 4-3

住宅平面形状		建筑高度(层高 3m)					层高 3.3m
		6 层	9 层	18 层	25 层	33 层	3 层
多层、小高层、高层住宅，平面面积为 $360m^2$	凸字形		8.9464351	8.9101803	8.9221537	8.9456302	
	长方形	8.5510316	8.4811186	8.4417703	8.4492085	8.4720483	
	"H"形		9.4201759	9.3797283	9.3922412	9.4195763	
	十字形		10.136979	10.114203	10.135851	10.170791	
	"Y"形		9.9541653	9.9259841	9.9441388	9.9769825	
	"U"形		9.9673636	9.9382311	9.957968	9.9908234	
	"Z"形	8.9226281	8.850971	8.8119134	8.8246816	8.8476671	
	方形	8.9421983	8.8660437	8.8235209	8.830912	8.851037	
	井字形		9.830867	9.8025378	9.8225672	9.8540677	
	"L"形	8.9765982	8.9040109				

表格来源：作者自绘

（1）根据表 4-3，对单位建筑能耗的模拟结论显示，对于板式住宅，当建筑窗墙比按照节能设计标准取限值，建筑能耗按夏季空调能耗、冬季采暖能耗、室内照明能耗以及辅助设备能耗进行统计计算时，长方形平面的住宅能耗水平最低，"L" 形平面的住宅能耗最大。对这四种平面形式的住宅能耗水平进行分析，如图 4-12 所示，建筑层数分别为 6 层和 9 层时，四种平面形式住宅的能耗对比关系基本相同。另外，由图 4-12 可以看出，对于同一平面的板式住宅，随着建筑层数的增加，单位能耗水平有所降低。

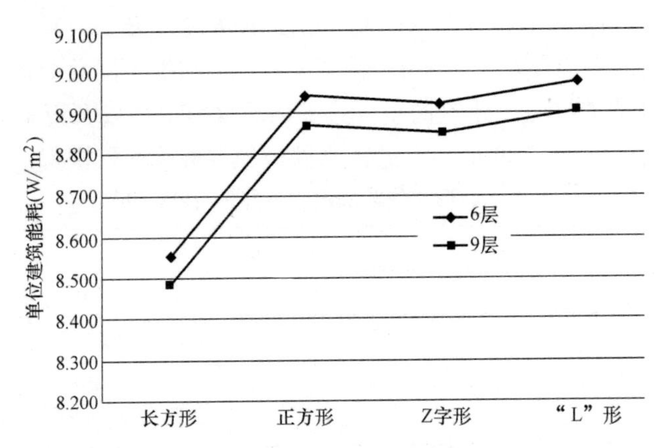

图 4-12　不同平面形状的板式住宅能耗水平对比

图片来源：作者自绘

故假设长方形平面的板式住宅的单位能耗为 q_{cb}（W/m²），则相同平面面积、相同建筑高度的其他类型的板式住宅的单位能耗值如表 4-4 所示。

6 层、9 层时不同平面形状的板式住宅单位能耗水平　　表 4-4

平面形状	长方形	正方形	“Z”形	“L”形
“6 层”能耗比	q_{cb}	$1.046q_{cb}$	$1.043q_{cb}$	$1.050q_{cb}$
“9 层”能耗比	q_{cb}	$1.045q_{cb}$	$1.044q_{cb}$	$1.050q_{cb}$

表格来源：作者自绘

另外，对平面形状和建筑高度共同影响下的能耗模拟数据进行方差分析，得到结论如表 4-5 所示。从表中可以看出，“平面形状”因素对建筑能耗的影响更大，故在进行多层板式住宅的节能设计时，在平面面积相同的情况下，应首先考虑平面形状的影响。

板式住宅平面形状因素与建筑高度因素的方差分析　　表 4-5

	DF	Sum of Squares	Mean Square
平面形状	3	0.23621	0.07874
建筑高度	1	0.01056	0.01052

表格来源：作者自绘

（2）对于塔式住宅，建筑层数集中在 9 层以上，以每层为 4 户组合的住宅进行能耗模拟，得出长方形平面住宅的单位能耗水平最低，如表 4-6 所示，其余类型住宅能耗由小到大依次为：“Z”形 < 方形 < 凸字形 < “H”形 < 井字形 < “Y”形 < “U”形 < 十字形。另外，随着建筑高度（层数）的增加，住宅单位建筑能耗发生了先降低后升高的变化，而关于建筑高度对建筑能耗水平的影响，将在第四节中研究，故本节主要研究同一建筑高度下的不同平面形状住宅的能耗关系。

不同平面形状的塔式住宅的单位建筑能耗（单位：W/m²）　　表 4-6

	9 层	18 层	25 层	33 层
长方形	8.4811186	8.4417703	8.4492085	8.4720483
“Z”形	8.850971	8.8119134	8.8246816	8.8476671

续表

	9层	18层	25层	33层
方形	8.8660437	8.8235209	8.830912	8.851037
凸字形	8.9464351	8.9101803	8.9221537	8.9456302
“H”形	9.4201759	9.3797283	9.3922412	9.4195763
井字形	9.830867	9.8025378	9.8225672	9.8540677
“Y”形	9.9541653	9.9259841	9.9441388	9.9769825
“U”形	9.9673636	9.9382311	9.957968	9.9908234
十字形	10.136979	10.114203	10.135851	10.170791

表格来源：作者自绘

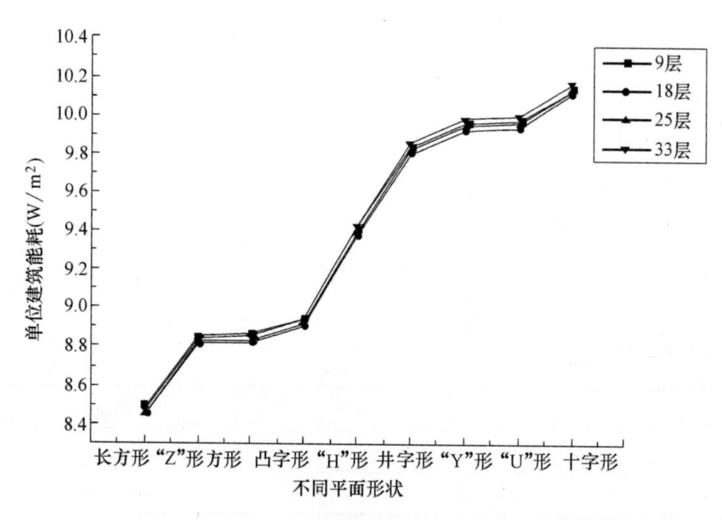

图 4-13　不同平面形状的塔式住宅能耗模拟结果

图片来源：作者自绘

用 Origin 软件对图 4-13 中的四条曲线进行拟合对比，得出：四组数据没有显著的不同，即图中的四条曲线变化趋势基本一样，仅有小于 0.01（单位建筑能耗）的误差，可以忽略不计，所以，对于不同建筑高度的各平面样式的塔式住宅，由于平面形状因素导致的能耗差异变化关系基本相同。鉴于长方形平面的塔式住宅建筑能耗水平最低，假设其单位建筑能耗为 q_{ct}，则根据模拟实验的结论，可得出其余各类型平面住宅的单位建筑能耗值如表 4-7 所示。

不同平面形状的塔式住宅单位建筑能耗值　　表 4-7

平面形状	长方形	“Z”形	方形	凸字形	“H”形	井字形	“Y”形	“U”形	十字形
单位建筑能耗	q_{ct}	$1.044q_{ct}$	$1.045q_{ct}$	$1.056q_{ct}$	$1.111q_{ct}$	$1.162q_{ct}$	$1.176q_{ct}$	$1.178q_{ct}$	$1.198q_{ct}$

表格来源：作者自绘

由表 4-4 及表 4-7 进行对比可以看出，对于板式住宅和塔式住宅，“Z”形平面与长方形平面的住宅能耗关系基本一致，二者差别在 10^{-3}以内，可以忽略。

另外，对平面形状和建筑高度共同影响下的能耗模拟数据进行方差分析，可得到如表 4-8 所示的结论。从表中可以看出，相比建筑高度因素，“平面形状”因素对建筑能耗的影响更大。所以综合表 4-5 的结论，在平面面积不变的前提下进行住宅节能设计，应首先选择节能的平面形状，其次考虑建筑高度的影响。

塔式住宅平面形状因素与建筑高度因素的方差分析　　表 4-8

	DF	Sum of Squares	Mean Square
平面形状	8	12.30295	1.53787
建筑高度	3	0.00983	0.00328

表格来源：作者自绘

4.1.3 不同平面形状的独栋住宅（别墅）能耗模拟研究

由上所述，研究独栋住宅（别墅）的平面形状与能耗的关系时，以基本的几何形状——圆形、正方形、长方形、三角形为基准平面（图 4-11），建立模型，进行能耗模拟研究。由于圆形、三角形平面的住宅在建筑朝向方面指向性不强，窗墙比参数无法根据建筑朝向的划分来进行不同的设置，故在进行能耗模拟时，建筑各个朝向的窗墙比参数均按照节能设计标准中的最低限值，即按照北向窗墙比规定限值统一设定为 0.3。将窗户尺寸统一设置为 1.8m×1.5m（宽×高），以减小能耗分析结果的误差。

层数 n=3 层、层高 h=3.3m 的独栋住宅能耗模拟结果如下所示：

不同几何平面形状的独栋住宅能耗模拟结果　　表 4-9

平面形状	长方形	正方形	圆形	三角形
体形系数	0.511	0.501	0.456	0.557
建筑全年能耗(kW·h)	38814.15	39528.41	39771.15	40653.28
单位建筑能耗(W/m²)	14.77	15.04	15.13	15.47

表格来源：作者自绘

从模拟的结果可以看出，对于相同建筑面积（A_0=300m²）、相同体积（V=990m³）的低层独栋住宅，选用长方形平面时，单位建筑能耗最小，能耗由小至大依次是正方形、圆形、三角形平面。设长方形平面的住宅单位建筑能耗为 q_{cd}，则其他三种平面形状住宅的能耗水平如表 4-10 所示。

不同平面形状的低层独栋住宅单位建筑能耗　　表 4-10

平面形状	长方形	正方形	圆形	三角形
单位建筑能耗(W/m²)	q_{cd}	$1.018q_{cd}$	$1.025q_{cd}$	$1.047q_{cd}$

表格来源：作者自绘

分析以上四种住宅，它们的区别在于体形的不同，在于体形系数的不同。对于平面面积 A=100m²、高度 H=9.9m 的四个住宅，它们的建筑体积相同，根据式 2-1，它们的体形系数 F 的值如表 4-7 所示。关于由体形系数差异而引起的不同的能耗关系，将在本章第五节中进行具体论述。

本节通过对不同形状平面的住宅进行能耗模拟，得出：对于任何类型的住宅，都是采用长方形平面的住宅能耗水平最低，节能效果最好。在住宅节能设计中，建筑平面应尽量减少进退变化，建筑形体应尽量简洁，趋近于长方形平面为最佳。另外，在住宅平面面积确定的情况下，应首先对住宅平面形状进行节能设计，其次考虑建筑高度因素对建筑能耗的影响。

4.2　建筑长度（面宽）与节能的关系

4.2.1　物理模型

按照上一章中表3-4的规定，设计能耗模拟实验时，建筑长度（面宽）是主变量，而建筑宽度（进深）、住宅类型、建筑高度是辅助变量。

选择建筑长度即住宅组合平面长度 a 的数值时，参照对天津地区住宅调研的统计结果（表4-11），板式住宅单元平面面宽选择14～16m及20～24m这两个范围，塔式住宅平面长度选择20～40m。进行模拟时，住宅标准层定义为四户组合平面，对于板式住宅，则是两个户型单元组合的平面，因此，板式住宅平面长度范围取28～32m。在建立能耗模型时，住宅平面长度以建筑模数0.3m为差量，确定每个变量的数值。

住宅单元平面尺寸统计　　**表4-11**

住宅类型		单元平面面宽(m)	平面进深(m)
板式住宅	低层住宅	15～20	11～15
	多层住宅	14～16	11～15
	小高层住宅	14～16/20～24	11～15
	高层住宅	19～20	15～17
塔式住宅	低层住宅	12～18	10～12
	小高层住宅	24～40	13～20
	高层住宅	24～40	13～20

表格来源：作者自绘

住宅平面宽度（进深）b 作为辅助变量，建立能耗模型时，其数值以3m为差量进行设定，板式住宅的平面进深为12m、15m，塔式住宅选15m、18m、21m。

为方便进行计算机模拟，根据上一节的研究结论——长方形为最节能的住宅平面形式，在进行本单项研究时，将住宅平面形状设置为长方形，其尺寸根据不同的长度、宽度变量参数进行具体设置。建筑层高设定为3m，建筑层数选用3层、6层、9层、18层、25层及33层。住宅的窗墙比按照节能设计标准的限值进行设定，即南向为0.5、东、西向为0.35、北向为0.3。外窗尺寸，南向设置为1.8m×1.5m（高×宽），其他三个朝向的外窗尺寸统一为1.5m×1.5m。

4.2.2　模拟结论及定量关系

（1）首先对板式住宅进行能耗模拟分析，平面宽度（进深）b 为12m，建筑面积的变化范围是338.4～385.2m^2，建筑层数选择3层、6层、9层，不同平面长度（面宽）的建筑总能耗模拟结果如表4-12所示。

平面宽度为 12m 的板式住宅能耗模拟结果　　表 4-12

平面长度(m)	建筑全年能耗(kW·h)			单位建筑能耗(W/m^2)		
	3层	6层	9层	3层	6层	9层
28.2	70861.7	136862.9	203249.1	7.968	7.695	7.618
28.5	71494.8	138074.5	205034.9	7.955	7.681	7.604
28.8	72133.2	139291.8	206839.1	7.942	7.668	7.591
29.1	72768.2	140508.3	208635.4	7.929	7.655	7.578
29.4	73405.7	141725.7	210442.5	7.917	7.643	7.566
29.7	74042.4	142941.0	212240.7	7.905	7.631	7.553
30.0	74677.7	144150.6	214027.9	7.893	7.618	7.541
30.3	75316.3	145374.7	215816.3	7.882	7.607	7.529
30.6	75949.8	146585.8	217610.7	7.870	7.595	7.517
30.9	76577.7	147789.8	219384.2	7.858	7.583	7.504
31.2	77208.9	148985.1	221175.5	7.847	7.571	7.493
31.5	77842.1	150196.0	222974.8	7.836	7.560	7.482
31.8	78463.4	151388.2	224740.3	7.824	7.548	7.470
32.1	79099.0	152603.1	226542.2	7.814	7.537	7.460

表格来源：作者自绘

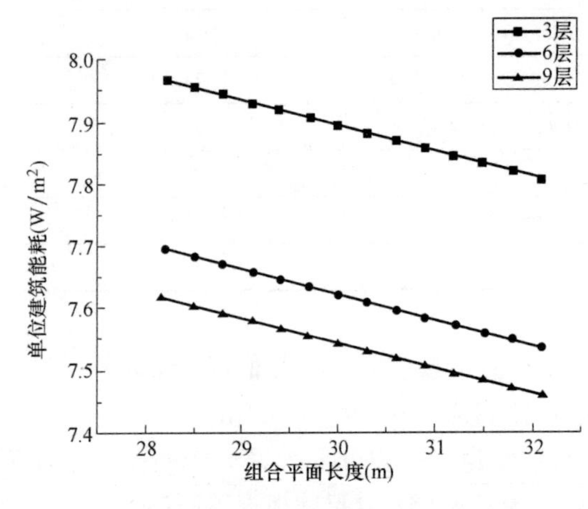

图 4-14　不同高度板式住宅的单位建筑能耗随平面长度变化趋势

图片来源：作者自绘

对以上数据进行分析，由图 4-14 可以看出，随着住宅组合平面长度（面宽）的增大，单位建筑能耗呈线性减小趋势。同时，随着建筑高度的增加，建筑能耗水平降低。图中三条曲线的斜率大致相同，可以看出，随着平面长度的增大，不同高度住宅的单位建筑能耗变化趋势基本相同。

利用数学统计软件 Origin 对图 4-14 中表示板式住宅平面长度（面宽）与能耗关系的曲线进行线性拟合，求出回归方程，得到板式住宅的平面长度（面宽）a 与单位建筑能耗 q_b 的定量关系式。由拟合的方程式可以看出，三条曲线的斜率仅有 0.001 的差别，这就意味着对于不同高度的板式住宅，平面长度对建筑能耗水平的影响大致相同，对于不同平面长度的板式住宅，单位建筑能耗随高度变化的趋势不随平面长度的变化而变化。

$$q_{b3} = 9.078 - 0.039 \times a \tag{4-1}$$

$$q_{b6} = 8.828 - 0.040 \times a \tag{4-2}$$

$$q_{b9} = 8.761 - 0.040 \times a \tag{4-3}$$

式中，q_{b3}、q_{b6}、q_{b9}分别代表层数为3层、6层、9层的板式住宅的单位建筑能耗，单位是W/m^2；a代表板式住宅组合平面的长度（面宽），单位是m。三个曲线方程的拟合度R－Square分别为0.9994、0.9994、0.9991，表明拟合回归情况很好。

根据《住宅性能评定技术标准》GB/T 50362—2005中对建筑节地的要求，户均面宽值不大于户均面积值的1/10，故对于面宽为12m的住宅，平面长度a不大于120m。所以上述公式中a的取值范围为28～120m。

（2）对于组合平面宽度为15m的塔式住宅，住宅组合平面长度的变化范围取20～40m，鉴于变化范围比较大，故取0.9m为差量设置不同的平面长度，建筑平面面积的变化范围为301.5～598.5m^2。建立建筑层数分别为9层、18层、25层的住宅模型进行能耗模拟，模拟结果如表4-13所示。

平面宽度为15m的塔式住宅能耗模拟结果　　表4-13

平面长度(m)	建筑全年能耗(kW·h)			单位建筑能耗(W/m²)		
	9层	18层	25层	9层	18层	25层
20.1	186335.8	370187.3	514140.8	7.839	7.787	7.787
21.0	193620.9	384601.1	534263.6	7.796	7.743	7.745
21.9	200259.6	397709.8	552449.7	7.732	7.678	7.679
22.8	207542.4	412134.1	572411.6	7.697	7.643	7.643
23.7	214202.4	425362.8	590688.3	7.643	7.588	7.587
24.6	221525.0	439711.9	610667.8	7.615	7.557	7.557
25.5	228194.2	452909.1	629006.0	7.567	7.509	7.509
26.4	235507.1	467309.3	648975.5	7.543	7.484	7.483
27.3	242169.7	480443.6	667209.3	7.501	7.441	7.440
28.2	249492.6	494925.1	687313.1	7.481	7.420	7.419
29.1	256124.3	508016.0	705465.0	7.443	7.381	7.380
30.0	263383.5	522371.8	725360.2	7.424	7.362	7.360
30.9	270048.5	535538.3	743631.9	7.390	7.328	7.326
31.8	277379.1	550074.4	763667.3	7.376	7.314	7.310
32.7	284021.4	563162.8	781817.9	7.345	7.281	7.278
33.6	291292.6	577531.8	801742.4	7.331	7.267	7.264
34.5	297915.1	590615.4	819895.0	7.302	7.238	7.234
35.4	305238.7	605095.4	839934.6	7.291	7.227	7.223
36.3	311908.2	618186.7	858110.6	7.266	7.200	7.196
37.2	319156.1	632509.0	877957.0	7.255	7.189	7.184
38.1	325818.1	645653.8	896193.3	7.231	7.165	7.160
39.0	333104.9	660023.1	916162.8	7.222	7.155	7.151
39.9	339786.3	673229.0	934449.2	7.201	7.134	7.129

表格来源：作者自绘

对以上模拟中得到的反映建筑能耗状况的单位建筑能耗数据进行分析，得出结论如图

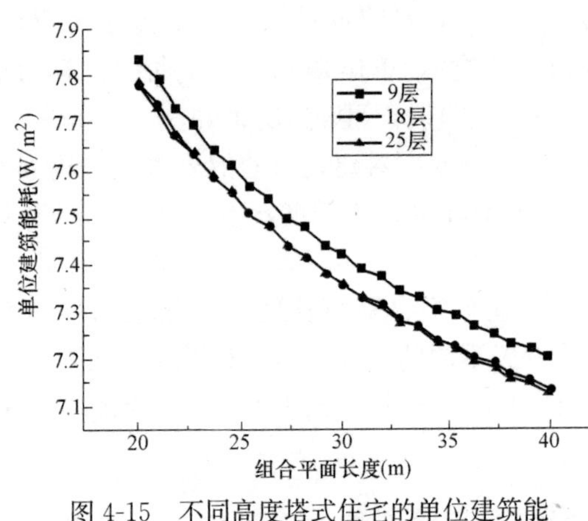

图 4-15　不同高度塔式住宅的单位建筑能耗随平面长度变化趋势

图片来源：作者自绘

4-15 所示。对于采用相同平面宽度（进深）的塔式住宅，随着平面长度的增加，建筑总能耗呈下降的趋势，基本上属于线性变化，18 层住宅的能耗水平低于 9 层住宅，与板式住宅不同的是，当建筑层数从 18 层增至 25 层时，平面长度为 21m 和 21.9m 的住宅的单位建筑能耗有增高的现象，说明对于特定平面的住宅，当建筑高度达到一定程度后，建筑能耗水平开始升高，不利于节能。

另外，采用软件 Origin 对上图中的三条曲线进行差异显著性分析，得出：在 0.05 水平上，三组数据并不是显著不同的。也就是说，表示塔式住宅平面长度与建筑能耗关系的三条曲线的变化程度基本相同，说明在不同高度条件下，建筑平面长度对于单位建筑能耗的影响基本一致，同时也说明了对于不同平面长度的塔式住宅，单位建筑能耗随高度变化的趋势不随平面长度的变化而变化。

利用 Origin 数学统计软件，对图 4-15 中的三条曲线进行拟合回归，可得到塔式住宅平面长度（面宽）a 与单位建筑能耗 q_t 的关系式：

$$q_{t9} = 8.388 - 0.031 \times a \quad (4\text{-}4)$$

$$q_{t18} = 8.350 - 0.032 \times a \quad (4\text{-}5)$$

$$q_{t25} = 8.357 - 0.032 \times a \quad (4\text{-}6)$$

式中，q_{t9}、q_{t18}、q_{25} 分别代表建筑层数为 9 层、18 层、25 层的塔式住宅的单位建筑能耗，单位是 W/m^2；a 代表塔式住宅平面的长度（面宽），单位为 m。三个曲线方程的拟合度 R－Square 分别为 0.9661、0.9664、0.9671，表示拟合回归情况良好。

根据《住宅性能评定技术标准》GB/T 50362—2005 中对建筑节地的要求，户均面宽值不大于户均面积值的 1/10，故对于面宽为 15m 的住宅，平面长度 a 不大于 150m。所以上述公式中 a 的取值范围为 20～150m。

（3）方差分析

在平面形状为长方形、平面宽度一定的情况下，采用数学统计软件对建筑平面长度变量、建筑高度变量进行方差分析，判断其对建筑能耗的影响程度。如表 4-14 所示，对于板式住宅，建筑高度因素对能耗的影响比平面长度因素大；对于塔式住宅，相比建筑高

平面长度、建筑高度因素对能耗的影响程度　　　**表 4-14**

住宅类型	设计参数	DF	Sum of Squares	Mean Square
板式住宅	平面长度	13	0.09893	0.00761
	建筑高度	2	0.96086	0.48043
塔式住宅	平面长度	22	2.54698	0.11577
	建筑高度	2	0.05868	0.02934

表格来源：作者自绘

度因素，平面长度因素对建筑能耗的影响较大。所以，节能设计中，在确定住宅的平面形状以及平面宽度时，对于多层、小高层的板式住宅，应先考虑建筑高度的变化对能耗的影响，而对于小高层、高层的塔式住宅，则应首先考虑平面长度的变化对能耗的影响。

根据本节对不同平面长度（面宽）的板式住宅和塔式住宅进行建筑能耗模拟的结论，得出：在建筑平面宽度（进深）、建筑高度不变的情况下，住宅平面长度（面宽）与其单位建筑能耗成反比例变化关系，即随着平面长度值增大，建筑节能效果增强，说明增大住宅面宽有利于建筑节能。同时，根据得到的模拟数据可以看出，建筑高度因素对住宅能耗有影响，但是对于不同高度的建筑，其能耗水平随长度变化的趋势基本相同。此外，对于多层、小高层住宅，建筑高度对能耗的影响大于平面长度；对于高层住宅，平面长度对能耗的影响大于建筑高度。所以，在研究住宅设计参数与能耗的关系时，必须综合考虑所有的设计因素，以得到正确的定量关系式。

4.3 建筑宽度（进深）与节能的关系

4.3.1 物理模型

以住宅组合平面的宽度，即户型单元平面进深方向的尺寸为主变量，选择典型建筑高度、典型平面长度的住宅进行能耗模拟，并按照板式住宅、塔式住宅的分类方式，对模拟结果进行分析，最终得出住宅宽度与建筑节能的定量关系。

根据对现状住宅设计参数的调研（表 4-11），分析得出了目前住宅常用的平面设计宽度：板式住宅集中在 11～14m 的范围内，塔式住宅主要集中在 14～17m 的范围内。在统计该宽度时，计算尺寸为建筑外围护结构的外墙皮间的距离，不包括阳台、飘窗、空调板等建筑立面凸出物。研究不同平面宽度（进深）与建筑能耗的定量关系时，将选择几种不同的建筑高度进行对比分析，保证研究结论的合理性。如表 4-15 所示，建筑层数上，板式住宅选择 3 层、6 层、9 层，塔式住宅选择 9 层、18 层、25 层，住宅平面宽度以建筑模数 0.3m 为差量进行能耗模拟。住宅的平面以常见的 4 户组合为参照，组合平面的长度统一设置为 30m，平面面积为 333～513m^2，建立能耗模型。

平面长度为 30m 的住宅平面宽度尺寸选择（m） **表 4-15**

板式住宅			塔式住宅		
3层	6层	9层	9层	18层	25层
11.1	11.1	11.1	14.1	14.1	14.1
11.4	11.4	11.4	14.4	14.4	14.4
11.7	11.7	11.7	14.7	14.7	14.7
12.0	12.0	12.0	15.0	15.0	15.0
12.3	12.3	12.3	15.3	15.3	15.3
12.6	12.6	12.6	15.6	15.6	15.6
12.9	12.9	12.9	15.9	15.9	15.9

续表

板式住宅			塔式住宅		
3层	6层	9层	9层	18层	25层
13.2	13.2	13.2	16.2	16.2	16.2
13.5	13.5	13.5	16.5	16.5	16.5
13.8	13.8	13.8	16.8	16.8	16.8
14.1	14.1	14.1	17.1	17.1	17.1
14.4	14.4	14.4	—	—	—
14.7	14.7	14.7	—	—	—
15.0	15.0	15.0	—	—	—

表格来源：作者自绘

4.3.2 能耗模拟分析

（1）首先对板式住宅进行能耗模拟。模型的建筑层高设置为3m，窗墙比按照建筑节能设计标准中规定的限值进行设置，平面宽度（进深）从11～15m以0.3m为差量进行参数设置，建筑高度参数为9m、18m、27m，总共进行42组模拟实验，得到如下的模拟结果表4-16。

不同平面宽度（进深）的板式住宅能耗模拟结果　　表4-16

住宅平面宽度(m)	建筑总能耗(kW·h)			单位建筑能耗(W/m²)		
	3层	6层	9层	3层	6层	9层
11.1	69422.3	134195.0	199313.2	7.933	7.667	7.592
11.4	71184.2	137500.2	204189.0	7.920	7.649	7.573
11.7	72931.3	140827.3	209123.3	7.906	7.634	7.557
12.0	74677.7	144150.6	214027.9	7.893	7.618	7.541
12.3	76408.2	147445.1	218901.0	7.879	7.602	7.524
12.6	78162.2	150748.6	223774.4	7.868	7.588	7.509
12.9	79912.2	154080.5	228692.2	7.857	7.575	7.495
13.2	81739.7	157481.2	233682.6	7.854	7.566	7.485
13.5	83505.9	160826.7	238651.3	7.846	7.555	7.474
13.8	85281.3	164161.2	243558.6	7.838	7.544	7.462
14.1	87035.5	167512.2	248506.4	7.829	7.534	7.452
14.4	88804.3	170852.5	253438.6	7.822	7.525	7.441
14.7	90569.9	174209.0	258383.4	7.815	7.516	7.432
15.0	92377.6	177607.1	263383.5	7.811	7.509	7.424

表格来源：作者自绘

运用数学统计软件Origin对以上结论进行分析，由图4-16可以看出，随着建筑平面宽度（进深）的增大，单位建筑能耗呈线性降低趋势。同时，随着建筑高度的升高，住宅能耗水平降低。对图中的三条曲线进行差异显著性分析，得出：在0.05水平上，三组数据是显著不同的。这说明板式住宅在不同高度时，单位建筑能耗随平面宽度变化的趋势是有区别的；同时，对于不同进深的板式住宅，其能耗水平随高度变化的趋势也有差别。

对图中的三条关系曲线进行回归拟合，得到三个回归方程，以表示在不同建筑高度下，板式住宅的平面宽度（进深）与能耗的定量关系：

$$q_{b3} = 8.266 - 0.031 \times b \quad (4\text{-}7)$$

$$q_{b6} = 8.102 - 0.040 \times b \quad (4\text{-}8)$$

$$q_{b9} = 8.055 - 0.043 \times b \quad (4\text{-}9)$$

式中，q_{b3}、q_{b6}、q_{b9} 分别代表建筑层数为 3 层、6 层、9 层的板式住宅的单位建筑能耗，单位是 W/m²；b 代表住宅组合平面的宽度，单位为 m。三个曲线方程的拟合度 R－Square 分别为 0.9744、0.9836、0.9859，表示拟合回归情况良好。另外，对于平面长度为 30m 的住宅，根据天津市住宅设计参数调研的结论，上述三个方程式中的 b 的取值范围为 10～30m。

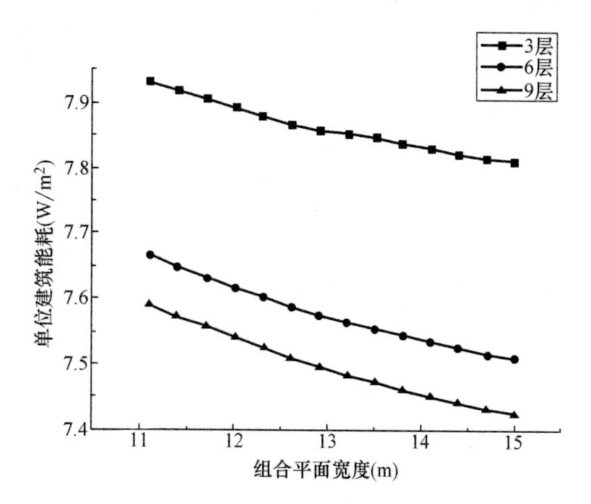

图 4-16 不同高度板式住宅的单位建筑能耗随平面宽度变化趋势

图片来源：作者自绘

（2）其次对塔式住宅进行能耗分析。能耗模型的平面长度（面宽）、建筑层高及窗墙比等的设置与板式住宅相同，平面宽度（进深）的取值范围为 14～17m，建筑层数选择 9 层、18 层、25 层，总共进行 33 组能耗模拟实验。模拟结果如表 4-17 所示。

不同平面宽度（进深）的塔式住宅能耗模拟结果 **表 4-17**

住宅平面宽度(m)	建筑总能耗(kW·h)			单位建筑能耗(W/m²)		
	9 层	18 层	25 层	9 层	18 层	25 层
14.1	248506.4	493088.4	684744.1	7.452	7.393	7.392
14.4	253438.6	502755.1	698200.2	7.441	7.381	7.380
14.7	258383.4	512526.9	711727.8	7.432	7.371	7.369
15.0	263383.5	522371.8	725360.2	7.424	7.362	7.360
15.3	268359.3	532172.2	738985.9	7.416	7.353	7.352
15.6	273303.6	541995.7	752503.6	7.407	7.345	7.342
15.9	278251.4	551755.4	766032.1	7.399	7.336	7.333
16.2	283260.8	561532.5	779540.4	7.393	7.328	7.324
16.5	288210.7	571328.7	793086.4	7.385	7.320	7.316
16.8	293288.3	581360.4	807074.3	7.381	7.315	7.312
17.1	298255.0	591091.8	820583.5	7.374	7.307	7.304

表格来源：作者自绘

对得到的能耗模拟结果进行统计分析，得出结论如图 4-17 所示。从图中可以看出，与板式住宅相同，塔式住宅的能耗水平随着建筑平面宽度（进深）的增大而降低。随着建

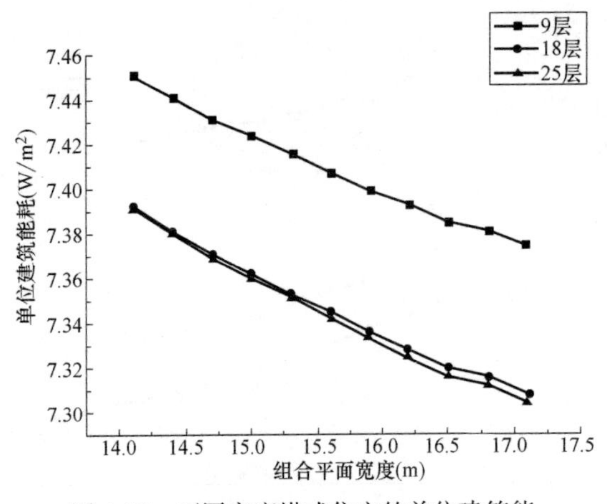

图 4-17　不同高度塔式住宅的单位建筑能耗随平面宽度变化趋势

图片来源：作者自绘

筑高度的增加，住宅的单位建筑能耗呈现逐渐减小的趋势。

采用 Origin 软件对实验中得到的三组数据进行差异显著性分析，得出：在 95%的置信级别上，只有 18 层和 25 层的数据没有显著不同。这说明对于不同高度的塔式住宅，平面宽度对能耗的影响不同，对于不同进深的住宅，建筑高度对能耗的影响程度也有差别。

运用统计学软件对图 4-17 中的三条曲线进行拟合回归，得到表示塔式住宅平面宽度（进深）与单位建筑能耗的定量关系的回归方程：

$$q_{t9}=7.809-0.026\times b \quad (4\text{-}10)$$

$$q_{t18}=7.784-0.028\times b \quad (4\text{-}11)$$

$$q_{t25}=7.798-0.029\times b \quad (4\text{-}12)$$

式中，q_{t9}、q_{t18}、q_{t25} 分别代表建筑层数为 9 层、18 层、25 层的塔式住宅的单位建筑能耗，单位是 W/m^2；b 代表塔式住宅平面的宽度（取值范围为 14～17m），单位是 m。以上三个曲线方程的拟合度 R-Square 分别为 0.9913、0.9923、0.9920，说明拟合回归情况良好。另外，对于平面长度为 30m 的住宅，根据天津市住宅设计参数调研的结论，上述三个方程式中的 b 的取值范围为 10～30m。

（3）针对建筑平面宽度变量、建筑高度变量对建筑能耗的影响程度进行方差分析，得出结论如表 4-18 所示。在平面形状为长方形、平面宽度一定的情况下，不论是板式住宅还是塔式住宅，建筑高度对能耗的影响均比平面宽度对能耗的影响大。因此，在进行住宅节能设计时，在住宅组合平面长度保持不变的情况下，应首先考虑建筑高度对能耗的影响，其次要分析平面宽度变化产生的节能效果。

平面宽度、建筑高度因素对能耗的影响程度　　　　**表 4-18**

住宅类型	设计参数	DF	Sum of Squares	Mean Square
板式住宅	平面宽度	13	0.08988	0.00691
	建筑高度	2	1.03190	0.51595
塔式住宅	平面宽度	10	0.02279	0.00228
	建筑高度	2	0.03028	0.01514

表格来源：作者自绘

通过对不同平面宽度（进深）的住宅进行能耗模拟研究，得出：随着住宅平面宽度的增大，建筑能耗水平呈线性下降趋势，说明在建筑平面长度不变时，加大建筑进深有利于建筑节能。另外，建筑高度因素对研究住宅平面宽度（进深）与能耗的关系有影响，不同高度的情况下，塔式住宅的建筑能耗随平面进深尺寸的变化有所不同。此外，在进行具体的节能设计时，应首先考虑建筑高度因素对能耗的影响，其次分析平面宽度产生的能耗变化。

4.4 建筑高度（层数）与节能的关系

4.4.1 物理模型

由之前对住宅平面形状以及平面尺寸与建筑能耗关系的模拟分析结果可以看出，建筑高度对建筑节能的影响是存在的。在研究住宅的建筑高度与节能的关系时，以天津地区大量住宅设计调研数据为基础，在计算机能耗模拟过程中，合理地设置能耗模型的建筑高度变量。按照住宅类型的不同，板式住宅的层数主要为13层及以下，而塔式住宅的层数主要是9层及以上，建筑层高设置为目前住宅设计中的常用尺寸3m。

在建筑平面设计方面，为了保证模拟对比实验的合理性，统一设定住宅标准层平面面积为360m²，即户型为4户组合。根据第一节中的结论，长方形平面为最节能平面，同时，基于方便建立模型的目的，本项实验中能耗模型的平面形状选择为长方形。根据板式住宅与塔式住宅平面尺寸特点的不同，板式住宅的平面宽度（进深）取12m，塔式住宅取15m。另外，为了研究不同的平面变化是否对建筑高度与能耗的关系产生影响，对住宅平面的面积以及长宽比分别作出改变，建立模型进行能耗模拟。因此，在本单项研究中，建筑能耗物理模型设置为三类：

（1）板式住宅，层数变量为3～13层，建筑高度变量为9～39m，建筑平面尺寸为30m×12m，共11组模型。

（2）塔式住宅，层数变量为9～33层，建筑高度变量为27～99m，建筑平面尺寸为24m×15m，共25组模型。

（3）不同平面尺寸的住宅，层数变量为3～33层，平面尺寸分别为30m×12m、24m×15m、36m×14.4m，平面面积分别为360m²、360m²、518.4m²，平面长宽比分别为2.5∶1、1.6∶1、2.5∶1。

另外，住宅模型的窗墙比参数按照建筑节能设计标准中规定的限值进行统一设定。

4.4.2 能耗模拟分析

（1）首先，在建筑平面不变的情况下，对不同建筑高度的板式住宅进行能耗模拟，建筑层数变化范围为3～13层，模拟结果如表4-19所示。

不同建筑高度的板式住宅能耗模拟结果　　表4-19

建筑层数	3层	4层	5层	6层	7层	8层
建筑高度(m)	9	12	15	18	21	24
建筑总能耗(kW·h)	74677.7	97793.7	120931.7	144150.6	167414.7	190707.4
单位建筑能耗(W/m²)	7.8934	7.7525	7.6694	7.6183	7.5838	7.5591
建筑层数	9层	10层	11层	12层	13层	
建筑高度(m)	27	30	33	36	39	
建筑总能耗(kW·h)	214027.9	237379.9	260763.6	284165.5	307588.7	
单位建筑能耗(W/m²)	7.5409	7.5273	7.5171	7.5090	7.5027	

表格来源：作者自绘

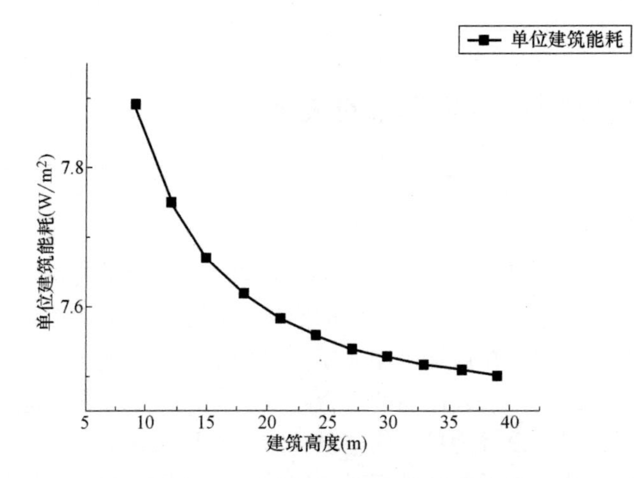

图 4-18 相同平面尺寸的板式住宅能耗随建筑高度变化的趋势

图片来源：作者自绘

对能耗模拟结果进行数据分析，得出结论如图 4-18 所示。从图中可以看出，对于板式住宅，建筑高度与单位建筑能耗呈反比例变化关系，并且随着高度的增加，建筑能耗下降的趋势逐渐放缓，建筑高度为 20m 即 6 层左右是一个转折点。对于板式住宅，从 3 层升高到 6 层，建筑的节能效果比较显著，而从 6 层升高到 13 层时，建筑的节能效果比较一般。对图中表示建筑高度与能耗关系的曲线进行拟合，得到回归方程：

$$q_{bH}=7.502+1.296\cdot 0.874\hat{\ }H \tag{4-13}$$

式中，q_{bH}表示平面尺寸为 12m×30m 的板式住宅的单位建筑能耗，单位为 W/m²；H 代表板式住宅的高度（取值范围为 3～39m），单位为 m。表示曲线方程的拟合度的 R—Square 为 0.998，说明拟合回归情况良好。

（2）其次对塔式住宅进行能耗模拟，以研究建筑高度与能耗的关系。

不同建筑高度的塔式住宅能耗模拟结果 **表 4-20**

建筑层数	9 层	11 层	13 层	15 层	17 层	19 层	21 层
建筑高度(m)	27	33	39	45	51	57	63
建筑总能耗(kW·h)	217097.1	264449.8	311932.7	359488.6	407122.7	454842.2	502661.2
单位建筑能耗(W/m²)	7.6490	7.6233	7.6087	7.5995	7.5940	7.5910	7.5901
建筑层数	23 层	25 层	27 层	29 层	31 层	33 层	
建筑高度(m)	69	75	81	87	93	99	
建筑总能耗(kW·h)	550542.5	598482.0	646605.8	694707.9	742921.9	791210.2	
单位建筑能耗(W/m²)	7.5903	7.5911	7.5940	7.5962	7.5993	7.6028	

表格来源：作者自绘

对表 4-20 中的数据进行分析，得出结论如图 4-19 所示。随着塔式住宅建筑高度的增加，单位建筑能耗先降低，后升高，呈现出倒抛物线的曲线关系。曲线的最低点为转折点，当建筑高度超过此点时，建筑能耗开始呈现上升趋势。对图中的曲线进行拟合回归，得到回归方程：

$$q_{tH}=7.544+5.821\cdot 10^{-4}\cdot H+0.474\cdot 0.940\hat{\ }H \tag{4-14}$$

式中，q_{tH} 表示平面尺寸为15m×24m的塔式住宅的单位建筑能耗，单位为W/m²；H 代表塔式住宅的高度（取值范围为27～99m），单位为m。表示曲线方程的拟合度的R-Square为0.9989，说明拟合回归情况良好。

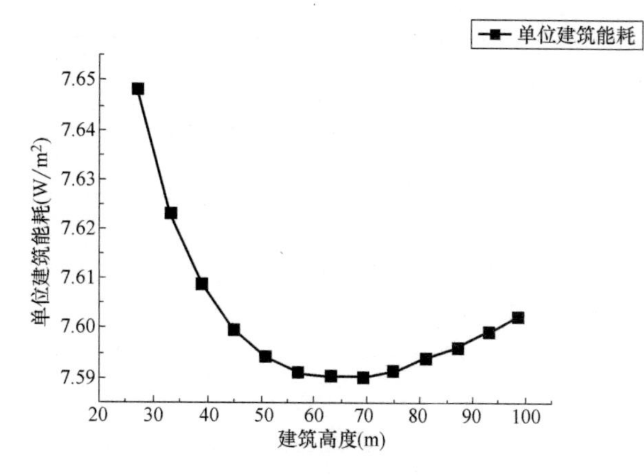

图 4-19　相同平面尺寸的塔式住宅能耗随建筑高度变化趋势

图片来源：作者自绘

通过Origin软件对该类曲线方程的描述，曲线在最低点处的坐标为（H_0，q_{tH_0}），其中：

$$H_0 = \ln(-5.821 \times 10^{-4} / (0.474 \cdot \ln 0.94)) / \ln 0.94 = 63.2$$

$$q_{tH} = 7.544 + 5.821 \cdot 10^{-4} \cdot 63.2 + 0.474 \cdot 0.940\hat{\ } 63.2 = 7.59$$

建筑高度为63.2m时，住宅的单位建筑能耗最小，为7.59W/m²。由模拟结果可以看出，63.2m约为21层的住宅高度是一个能耗分水岭，当建筑层数不超过21层、建筑高度不超过63.2m时，随着高度的增加，住宅能耗水平逐步降低；而当建筑高度超过63.2m时，随着建筑高度的增加，住宅的节能效果逐步下降。

（3）不同建筑平面影响下建筑高度与能耗的关系

由上述研究可以看出，随着建筑高度的增加，住宅的单位建筑能耗呈现先下降后升高的趋势，对于平面尺寸为15m×24m的住宅，63.2m的建筑高度为能耗变化的转折点。为了研究不同平面尺寸的住宅处于最低能耗水平时的建筑高度变化趋势，对同等建筑平面面积、不同平面长宽比以及相同平面长宽比、不同平面面积的住宅进行能耗模拟研究。

于是选择平面尺寸分别为12m×30m、15m×24m、14.4m×36m的住宅，进行不同高度的能耗模拟，建筑层高设置为3m，结果如表4-21所示。

不同平面尺寸住宅的建筑高度与能耗关系　　表 4-21

建筑层数	建筑高度	不同平面尺寸住宅的单位建筑能耗（W/m²）		
		12m×30m	14.4m×36m	15m×24m
3	9	7.8934	7.6833	8.0186
4	12	7.7525	7.5258	7.8706
5	15	7.6694	7.4337	7.7840
6	18	7.6183	7.3769	7.7290
7	21	7.5838	7.3386	7.6928
8	24	7.5591	7.3107	7.6671
9	27	7.5409	7.2901	7.6490
10	30	7.5273	7.2743	7.6345
11	33	7.5171	7.2624	7.6233
12	36	7.5090	7.2527	7.6147

续表

建筑层数	建筑高度	不同平面尺寸住宅的单位建筑能耗(W/m²)		
		12m×30m	14.4m×36m	15m×24m
13	39	7.5028	7.2453	7.6087
15	45	7.4943	7.2349	7.5995
17	51	7.4895	7.2294	7.5940
19	57	7.4872	7.2256	7.5910
21	63	7.4867	7.2235	7.5901
23	69	7.4872	7.2231	7.5903
25	75	7.4885	7.2239	7.5911
27	81	7.4907	7.2255	7.5940
29	87	7.4935	7.2274	7.5962
31	93	7.4963	7.2302	7.5993
33	99	7.4999	7.2330	7.6028
住宅平面面积(m²)		360.0	518.4	360.0
住宅平面长宽比		2.5	2.5	1.6

表格来源：作者自绘

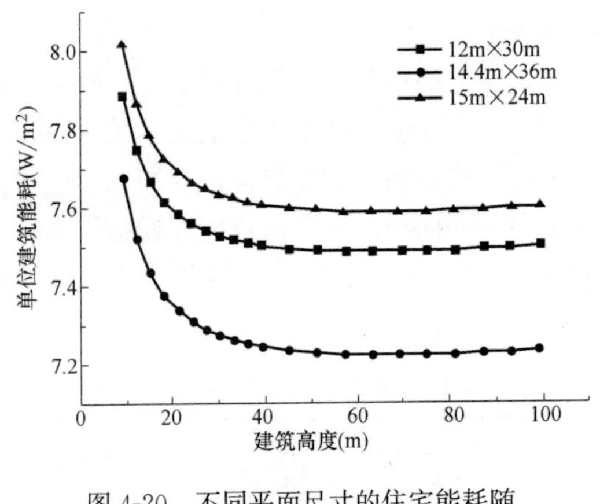

图 4-20　不同平面尺寸的住宅能耗随建筑高度变化的趋势

图片来源：作者自绘

通过模拟实验，由图 4-20 可以看出，当建筑平面尺寸发生变化时，住宅单位建筑能耗随建筑高度变化的趋势也一同发生改变。当住宅的平面长宽比相同时，平面面积越大，建筑能耗水平越低；当住宅平面面积相同时，平面长宽比越大，建筑能耗水平越低，建筑越节能。对图 4-20 中的三条曲线进行拟合回归，并进行函数最小值求解，得到如下方程式：

$$q_{H1} = 7.494 + 2.054 \times 10^{-5} \times H + 1.211 \times 0.882\hat{\ } H \quad (4\text{-}15)$$

$$q_{H2} = 7.242 + 1.816 \times 10^{-4} \times H + 1.340 \times 0.882\hat{\ } H \quad (4\text{-}16)$$

$$q_{H3} = 7.601 + 7.358 \times 10^{-5} \times H + 1.277 \times 0.881\hat{\ } H \quad (4\text{-}17)$$

式中，q_{H1}、q_{H2}、q_{H3}分别表示平面尺寸为 12m×30m、14.4m×36m、15m×24m 的住宅的单位建筑能耗，单位为 W/m²。上述三个曲线方程的拟合度 R-Square 均为 0.9965，表示拟合回归情况良好。通过对以上三个方程的最小值进行求解，得出：当建筑高度 H 分别等于 63.36m、69.41m、63.22m 时，三种不同类型的住宅能耗水平最低。这说明，对于不同平面尺寸的住宅，最低建筑能耗水平时的建筑高度取值不同。当住宅平面长宽比相同时，平面面积越大，建筑能耗随高度变化的趋势越小；而当住宅平面面积相同时，平面长宽比越小，建筑能耗随高度变化的趋势越大。

通过对建筑标准层平面面积相同而建筑高度不同的住宅进行能耗模拟，整理分析实验数据后得出：无论板式住宅还是塔式住宅，随着建筑高度的增大，建筑能耗水平整体呈现下降趋势。其中，对于平面尺寸为 12m×30m 的板式住宅，6 层是第一个分界点，即建筑层数超过 6 层、建筑高度超过 20m 之后，随着高度的上升，建筑能耗水平降低的趋势渐于平缓；对于平面尺寸为 15m×24m 的塔式住宅，21 层是第二个分界点，当建筑高度超过 63.2m 时，建筑高度增大带来的效果是建筑能耗的增加，不利于建筑节能。对于不同平面尺寸的住宅，当平面长宽比相同时，平面面积越大，建筑能耗随高度变化的趋势越小，建筑整体能耗水平越低，建筑越节能；而当平面面积相同时，平面长宽比越大，建筑能耗随高度变化的趋势越平缓，建筑整体能耗越低，越有利于节能。

4.5 建筑体形系数与能耗的关系

4.5.1 不同平面形状住宅的体形系数与能耗的关系

根据以往的研究成果，如文献［89］、［90］、［92］中所述，建筑的体形系数增大，意味着单位建筑体积的建筑外围护结构面积增大，将导致建筑冬季的热损耗增大，不利于节能。但在本研究中，根据对建筑体积相同而体形系数不同的建筑能耗模拟的结果，随着建筑体形系数的增大，建筑能耗有下降的趋势。

在本章第一节中，对住宅平面形状与能耗关系的研究得出：对于同等建筑面积、相同建筑体积的低层独栋住宅，采用长方形平面时的住宅能耗水平最低。对研究中所选用的四种不同类型住宅的体形系数进行分析，如表 4-22 所示。

不同平面住宅体形系数与能耗关系对比　　**表 4-22**

平面形状	长方形	正方形	圆形	三角形
体形系数	0.511	0.501	0.456	0.557
体形系数对比	1	0.98	0.892	1.09
单位建筑能耗对比	1	1.018	1.025	1.047

表格来源：作者自绘

从表 4-22 可以看出，建筑能耗的变化与体形系数的变化并不成正比例，对于长方形、正方形、圆形这三种平面的住宅，建筑能耗随着体形系数的增大而变小；对于三角形平面的住宅，建筑体形系数最大，同时单位建筑能耗也最高。

分析以往对体形系数和建筑能耗的研究，如图 4-21 所示，对于采用不同平面形状的住宅，研究前提是相同体积、相同平面面积、相同建筑高度、相同建筑围护结构，能耗评价指标是冬季采暖能耗（耗热量）指标。相对于本研究，缺少建筑外窗对室内热环境的影响以及对夏季空调能耗、室内照明能耗等综合能耗指标的考虑。

我国寒冷地区住宅的南向外窗，当其 K 值降低到一定程度时，可以看作是建筑的得热构件，建筑物利用它在白天得到的总热量大于夜晚因为它散失的总热量。因此，窗墙比参数对于建筑热工设计非常重要，在研究建筑节能设计时必须考虑此因素。为了验证外窗在该项研究中的作用，对采用基本几何形状平面的低层住宅再次进行研究，而研究条件设定为不考虑建筑外窗对建筑的影响，将窗墙比全部设置为 0，得到如表 4-23 所示的模拟结果。

不同窗墙比情况下不同平面形状住宅能耗模拟结果　　表 4-23

平面形状	长方形	正方形	圆形	三角形
体形系数	0.511	0.501	0.456	0.557
窗墙比为 0.3 时，单位建筑能耗(W/m^2)	14.77	15.04	15.13	15.47
窗墙比为 0 时，单位建筑能耗(W/m^2)	12.45	12.37	11.85	13.52

表格来源：作者自绘

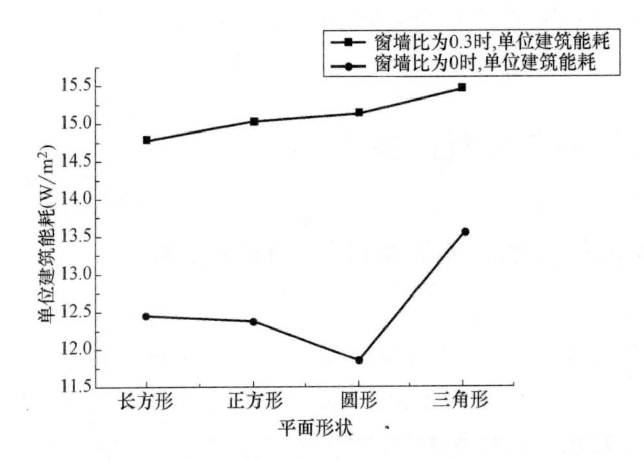

图 4-21　不同窗墙比的各平面形状住宅能耗变化

图片来源：作者自绘

采用不同窗墙比参数的不同平面形状住宅各单项能耗模拟结果　　表 4-24

	照明能耗 Lighting(kW·h)		系统水泵能耗 System Pumps(kW·h)		采暖能耗 Heat Generation (kW·h)		空调能耗 Chiller (kW·h)	
窗墙比	0	0.3	0	0.3	0	0.3	0	0.3
长方形	6789.91	6293.99	6.67	4.79	24931.4	26190.3	992.87	6325.08
正方形	6812.17	6329.30	6.26	4.59	24684.4	26400.6	1017.70	6793.95
圆形	6806.28	6375.89	6.95	5.39	23340.5	27881.4	993.85	5508.51
三角形	6698.55	6154.30	7.82	3.92	27729.1	27104.0	1095.21	7391.04

表格来源：作者自绘

由以上结论可以看出，排除外窗的影响后，住宅的整体能耗水平随着体形系数的增大而提高，与以往的研究成果相一致。分析各单项能耗，窗墙比参数对冬季采暖及夏季空调能耗均有重要影响。分析其原理，对于相同平面面积、相同建筑体积的长方形、正方形和圆形住宅，在窗墙比参数相同的前提下，由于长方形住宅南向外窗面积最大，模拟中外窗采用的 K 值为 1.7 $W/(m^2 \cdot K)$，所以冬季时由外窗得到的太阳辐射热量大于通过它散失的热量，它为建筑得热构件。故南向外窗面积的大小间接决定了建筑冬季采暖能耗水平。因此，在计算住宅冬季能耗时须考虑外窗对建筑的影响，在新的建筑节能设计标准中，对建筑外窗传热量的计算要同时考虑窗户自身热工性能、太阳辐射以及外窗遮阳状况等因素。

综合东、南、西向外窗面积，正方形平面的住宅最大，由大至小依次是长方形、圆形平面。因此，夏季受太阳辐射影响，正方形平面的住宅室内得热最多，因而夏季空调能耗最大，圆形平面住宅夏季因外窗而得到的热量最少，其空调能耗也最低。

实际工程中，建筑窗墙比的设计比较自由，而居住建筑节能设计标准 JGJ 26—2010 中同样对窗墙比参数没有强制规定，如果超出限值要求，则可以通过围护结构热工性能进行权衡判断，以建筑耗热量指标进行整体控制。

因此，在研究建筑体形系数与能耗的关系时，不能单从形体的因素考虑问题，而应综合考虑建筑外部因素，比如太阳辐射、建筑自身围护结构状况、窗墙比参数等。

4.5.2　不同体量住宅的体形系数与能耗的关系

对于采用同一种平面形状的住宅，不同建筑体量的体形系数也不同，根据之前章节的论述可知，不同体形的住宅有不同的能耗水平。鉴于能耗模拟实验中建筑模型均以矩形平面进行研究，那么设定矩形平面的长、宽以 a、b 表示，建筑高度用 H 表示，根据式 2-1，建筑体形系数 S 等于建筑外表面积 F 与外表面积所包围的体积 V 的比值。

$$F=2(a+b)\cdot H+a\cdot b \tag{4-18}$$

$$V=a\cdot b\cdot H \tag{4-19}$$

所以得出：

$$S=\frac{F}{V}=\frac{2(a+b)H+a\cdot b}{a\cdot b\cdot H}=\frac{2}{a}+\frac{2}{b}+\frac{2}{H} \tag{4-20}$$

式中，H 表示建筑外围护结构高度。

由式 4-20 可以看出，建筑平面的长度、宽度以及建筑高度均与体形系数成反比例关系，当这三项尺寸增大时，体形系数相应地减小。故按照本章第二、三、四节的结论，当住宅平面长度、宽度增大时，建筑体形系数减小，建筑能耗水平随之降低，体形系数减小有利于节能。而当建筑高度增大时，建筑能耗水平呈现先下降后升高的趋势，所以由建筑高度变化引起体形系数变化时，首先要确定建筑能耗随高度变化的转折点，当建筑高度在转折点以下逐渐升高时，单位建筑能耗随之降低，体形系数减小有利于节能，而当建筑高度超过转折点时，随着建筑高度的增大，因体形系数减小而导致单位建筑能耗增大，反而不利于节能。

所以，建筑平面尺寸的变化引起体形系数的变化，其所导致的住宅单位能耗变化是同向变化，即当体形系数增大，能耗水平随之增大，从而不利于建筑节能。由于建筑高度变化引起体形系数的变化，则首先应确定能耗变化的高度临界点，建筑高度在临界点以下的住宅，高度降低导致的体形系数的减小有利于建筑节能，超过临界点高度后，建筑高度的增大会引起建筑体形系数的减小，反倒不利于建筑节能。

4.6　本章小结

本章主要针对不同的建筑设计参数，按照不同的住宅类型（板式住宅、塔式住宅），分别进行能耗模拟实验，得出以下结论：

（1）通过对不同形状平面住宅的能耗模拟，得出：采用长方形平面的住宅能耗水平最低，节能效果最好。在其他条件相同的情况下，建筑高度因素对研究住宅平面形状同建筑能耗的关系的影响不大，可以忽略不计。因此，在住宅设计中，为了达到较好的节能效果，建筑平面应尽量减少进退变化，采用形状规则的平面，建筑形体应尽量简洁。

（2）对不同平面长度（面宽）的板式住宅和塔式住宅进行建筑能耗模拟，得出：在建筑平面宽度（进深）、建筑高度不变的情况下，住宅平面长度（面宽）与其单位建筑能耗成反比例关系，即随着平面长度值的增大，建筑节能效果逐渐增加，说明增大住宅面宽有利于建筑节能。同时，建筑高度因素对研究住宅平面长度与能耗的关系不会产生影响。研究中得出了平面宽度为12m、15m的不同高度住宅的平面长度与建筑能耗的定量关系式（式4-1～式4-6）。

（3）通过对不同平面宽度（进深）的住宅进行能耗模拟研究，得出：随着住宅平面宽度的增大，建筑能耗水平缓慢下降，说明加大建筑进深有利于建筑节能。另外，建筑高度因素对研究住宅平面宽度（进深）与能耗的关系影响较小，仅对于塔式住宅，不同高度状况下建筑能耗随平面进深尺寸变化的水平略有不同。研究中采用回归拟合的方法，得出了平面长度为30m的不同高度住宅的平面宽度随建筑能耗变化的函数关系式（式4-7～式4-12）。

（4）通过对相同建筑标准层平面面积而不同建筑高度的住宅进行能耗模拟，整理分析实验数据后得出：随着建筑高度的增加，建筑能耗水平整体呈现下降趋势。对于平面尺寸为12m×30m的板式住宅，21层是个分界点，当建筑高度超过63.2m时，建筑高度增大带来的效果是建筑能耗的增加，不利于建筑节能。对于不同平面尺寸的住宅，当平面长宽比相同时，平面面积越大，建筑能耗随高度变化的趋势越平缓，分界点高度值越小，建筑整体能耗水平越低，建筑越节能；而当平面面积相同时，平面长宽比越大，建筑能耗随高度变化的趋势越平缓，分界点高度值越小，建筑整体能耗越低，越有利于节能。

（5）综合各设计参数对建筑能耗的影响程度，得出：在进行住宅节能设计时，对于低层、多层、小高层住宅，平面形状对住宅能耗的影响最大，其次是建筑高度因素，对能耗影响最小的为平面宽度、平面长度因素，故应重点进行平面形状的节能设计，其次选择具有节能优势的建筑高度，最后进行平面尺寸的确定；对于高层住宅，同样是平面形状对住宅能耗的影响最大，其次是平面长度、建筑高度因素，对能耗影响最小的是平面宽度因素，故应重点进行平面形状的节能设计，其次应确定最具节能优势的平面长度，然后确定具有节能优势的建筑高度，最后对平面宽度进行分析确定。

（6）在能耗模拟的基础上，综合各个设计因素，研究建筑体形系数与建筑能耗的关系。在不设置外窗的情况下，建筑体形系数与建筑能耗成正比例增减关系；在设置建筑外窗的情况下，随着建筑体形系数的增大，单位建筑能耗呈现无规则变化趋势。因建筑体量引起的体形系数变化与随之发生的建筑能耗变化成正比例关系。另外，由于住宅能耗随高度变化时，会有高度“临界点”，故在分析体形系数与能耗的关系时，要考虑引起体形系数变化的因素，而作出不同的判断。

第五章　居住建筑节能体形优化设计系统

居住建筑的节能设计是一个复杂而又反复的过程，在一个具体的工程设计中，建设一个节能效果好的住宅，需要建筑师、结构工程师、暖通工程师、水电工程师等设计人员共同配合，并在施工、运行、管理阶段进行严密的工作。如若建筑师积极发挥其在建筑设计阶段的主观能动性，在建筑设计之初设计出具有较大节能优势的建筑体形，那么，就可以在整个节能工作中掌握主动性，把节能设计提前到方案设计阶段，从而对建筑的功能、形体与节能进行综合设计。在保证建筑良好使用性的前提下，建筑围护结构及系统就会有更多的选择，让整个节能设计过程变得更加自如、更加方便。

因此，通过上一章研究不同建筑设计参数影响下的建筑能耗，进而得到它们之间的定量关系，可以帮助建筑师在方案设计中更直接、更便捷地对比住宅方案的节能效果，有利于整个节能设计工作的开展。

5.1　居住建筑最佳节能体形

上一章对采用不同设计参数的住宅进行了能耗模拟，并得到了各设计参数与建筑能耗的定量关系式，故可以根据上一章的结论进行分析研究，得出达到最低能耗水平时住宅的各项设计参数，从而得到寒冷地区居住建筑的最佳节能体形。同时，在建筑节能设计中，对比最佳节能体形，便可得知设计方案的相对节能效果，有助于进行下一步的设计工作。上文中分别以平面形状、平面长度、平面宽度及建筑高度这四种基本的建筑设计参数为变量，对住宅进行了能耗模拟，故在此基础上进行居住建筑最佳节能体形的研究。

5.1.1　建筑平面形状

根据上一章的结论，在进行节能设计时，平面形状的选择对住宅的能耗水平影响最大。故按照 4.1 章节中表 4-4、表 4-7 以及表 4-10 的研究结论，对于相同建筑面积、相同建筑体积的住宅，不论塔式住宅还是板式住宅，均是长方形平面的住宅最具节能优势。另外，虽然建筑高度不同时，不同平面形状住宅与能耗的关系有所区别，但总体来看，不论是低层住宅、多层住宅、小高层住宅还是高层住宅，依旧是长方形平面的住宅节能效果最好。所以，最佳节能体形的平面形状选择为长方形。

5.1.2　建筑平面尺寸

当住宅平面选择长方形时，住宅平面的尺寸分为长度及宽度两个因素。

通过上一章对相同平面宽度（进深）而不同平面长度（面宽）住宅平面的研究，可以得出：随着住宅平面长度的增加，单位建筑能耗逐步下降，说明建筑在开间方向的尺寸越大越利于节能。住宅平面宽度（进深）与能耗的关系和平面长度与能耗的关系相同，也是随着宽度的增大，住宅能耗水平呈现缓慢下降趋势。住宅进深越大，越有利于节能。

但是由于长方形平面的住宅比正方形平面的住宅更具节能优势，故最佳节能住宅的平面长度尺寸应大于平面宽度尺寸。

在住宅设计中，根据建筑方案设计的条件与步骤，建筑面积往往是以硬性指标作为设计前提的，所以在确定建筑面积为 S_0 的基础上，该住宅的单层平面面积 S' 为 S_0/n，其中 n 为住宅的层数。假设住宅平面的长度为 a，宽度为 b，那么可以得出：

$$a \times b = \frac{S_0}{n} \tag{5-1}$$

并且：$a > b$

假设住宅平面的长宽比为 λ，即 $a/b=\lambda$，那么综合以上关系式，可以得出：

$$a = \sqrt{\frac{S_0 \times \lambda}{n}} \tag{5-2}$$

$$b = \sqrt{\frac{S_0}{n \times \lambda}} \tag{5-3}$$

将 a、b 的值分别代入第四章中得到的式 4-1～式 4-6 以及式 4-7～式 4-12 中，可以得出：当住宅的建筑面积一定时，随着平面长宽比的增大，建筑能耗水平有不同的变化趋势，在建筑层数 n 值为常量的情况下，可以计算出达到最低建筑能耗水平的住宅平面长宽比 λ 的值。

结合表 3-3、表 4-9、表 4-12 中对能耗模拟实验的描述，综合所有能耗模拟实验的数据，采用数学分析软件 1stOpt 进行回归分析。通过上一章节的研究，住宅平面尺寸与能耗的关系曲线为指数减函数，回归关系方程为指数方程；住宅高度与能耗的关系为二次函数形式，在能耗变化中有最小值出现。所以，在进行综合数据回归拟合时，以住宅单位建筑能耗 Q 为因变量，以住宅平面长度 a、平面宽度 b、建筑高度 H 为自变量，算法采用 Levenberg－Marquardt 法（LM）＋ 通用全局优化算法（Universal Global Optimization，UGO)，进行多元指数函数方程回归。

回归方程根据上一章节模拟的结论，设置为：

$$y = A \times x_1 + B \times x_2 + (S \times x_1 \wedge 2 + M \times x_1) \times x_3 + (T \times x_2 \wedge 2 + N \times x_2) \times C \wedge x_3 + K \tag{5-4}$$

式中：y 代表住宅单位建筑能耗 Q；

x_1、x_2、x_3 分别代表住宅平面长度 a、宽度 b、建筑高度 H；

A、B、C、K、S、T、M、N 表示变量。

计算后，得出住宅平面长度、宽度以及建筑高度与建筑能耗的定量关系式：

$$\begin{aligned} Q = & -0.036 \times a - 0.037 \times b + (1.827 \times 10^{-6} \times a^2 - 6.482 \times 10^{-5} \times a) \times H \\ & + (0.16b - 4.55 \times 10^{-3} \times b^2) \times 0.876 \wedge H + 9.037 \end{aligned} \tag{5-5}$$

式中：Q——住宅单位建筑能耗（W/m²）；

a——住宅平面长度（m）；

b——住宅平面宽度（m）；

H——建筑高度（m）。

该回归方程的残差平方和 $SSE=0.003$，相关系数 $R=0.9994$，决定系数 $DC=0.9988$，说明该方程拟合较好，误差很小，可以很好地反映能耗模拟的水平。

由于上述公式中存在三个变量，无法直接计算出住宅能耗最小时各个变量的值，将式5-2、式5-3代入式5-5中，可以得出以建筑平面长宽比 λ、建筑层数 n 以及建筑高度 H 为自变量的函数。建筑高度等于建筑层数与建筑层高的乘积，故如若求出最低建筑能耗下住宅的高度取值，就可以得出平面尺寸的取值。

5.1.3　建筑高度

根据对不同高度的住宅进行能耗模拟，得出：对于平面尺寸为15m×24m的住宅，当建筑高度 $H\leqslant 63.2$m（约21层）时，住宅的单位建筑能耗随建筑高度的增大而减小；当建筑高度 $H>63.2$m（约21层）时，住宅的单位建筑能耗随建筑高度的增大而增大。因此，对于平面为15m×24m的住宅，当建筑高度取63.2m时，住宅的节能效果最佳。根据4.4章节的论述，住宅的平面尺寸发生变化时，比如平面面积或者平面长宽比的变化，对能耗随建筑高度变化的趋势会产生较大影响，不同平面尺寸的住宅会有不同的能耗转折高度。

因此，需要根据之前模拟的数据，研究住宅平面尺寸、建筑高度同能耗的综合关系，得到相关的关系式，以便在建筑平面确定的情况下得到最佳节能住宅体形的相关参数。

根据式4-13，由模拟实验得出的住宅高度与能耗的关系的函数表达式为：

$$y=A+B\times x+C\times R\wedge x \tag{5-6}$$

式中：y 代表单位建筑能耗；

x 代表建筑高度；

A、B、C、R 为变量。

假设建筑高度为 x_0 时，住宅的单位建筑能耗 y 达到最小值 y_0。

$$x_0=\ln(-B/C\times\ln(R))/\ln(R) \tag{5-7}$$

$$y_0=A+B\times x_0+C\times R\wedge x_0 \tag{5-8}$$

那么，在式5-5中，将 a、b 均视为常量，H 为变量，则可以根据式5-8计算得出达到最小建筑能耗时的建筑高度值 H_0，如下式所示：

$$H_0=-7.55\ln\left(\frac{1.827\times10^{-6}a^2-6.482\times10^{-5}a}{3.435\times10^{-2}b^2-1.208b}\right) \tag{5-9}$$

根据《住宅性能评定技术标准》GB/T 50362—2005中对建筑节地的要求，户均面宽值不大于户均面积值的1/10，可以等同于住宅平面长度值不大于平面面积值的1/10，即：

$$a\leqslant\frac{S_0}{10n} \tag{5-10}$$

根据式5-1，可以得出：

$$b\geqslant 10(m) \tag{5-11}$$

根据天津市住宅建设的现状，住宅平面面积一般在185.5～1308.5㎡的范围内，住宅平面长度一般为15.5～90.3m，组合平面宽度为10.4～25.8m。但是根据住宅设计相关标准规范的要求，当商品住宅为一梯两户一单元形式时，平面面积可以做到最小，大约为150㎡；而最大的住宅平面类型为三居室＋四居室的5单元组合平面，最大平面面积可达到1600m²。故式5-12中住宅单元面积S_0/n的取值范围为150～1600，则可以计算得出：

$$15 \leqslant a \leqslant 160 \tag{5-12}$$

$$10 \leqslant b \leqslant 26 \tag{5-13}$$

将上面两个不等式代入式5-9中，可以计算得出：

$$72.6 \leqslant H_0 \leqslant 238.7 \tag{5-14}$$

由于住宅能耗模拟实验中建筑模型的层高设置为3m，故最佳节能住宅的高度设置为72.6m约24层以上、238.7m约80层以下时，节能效果最佳。

5.1.4 最佳节能住宅体形

将以上三个不等式：式5-12～式5-14代入式5-5中，同时规定住宅的建筑高度不超过100m，即不设置超高层住宅，采用软件1stOpt进行函数最小值求解，得到：当$a=160$m，$b=10$m，$H=10.8$m时，Q有最小值，为3.574W/m²。

但是，在实际的住宅工程中，对于不同的住宅类型，有不同的平面尺寸及高度范围。根据天津市住宅设计参数的调研情况，板式住宅的平面长度范围为15.2～86.9m，平面宽度范围为10.4～16.7m；塔式住宅的平面长度范围为23.9～66.3m，平面宽度范围为11.9～25.8m。另外，板式住宅的建筑层数取14层以下，即不设置高层板式住宅，塔式住宅的建筑层数为9层及以上，按照不同的建筑层数范围，对各类型住宅的最佳节能体形的设计参数进行计算求解。设定建筑层高为3m，则得到如表5-1所示的结果。

最佳节能住宅的设计参数　　表5-1

住宅类型	低层板式（1～3层）	多层板式（4～8层）	小高层板式（9～13层）	小高层塔式（9～13层）	高层塔式（≥14层）
住宅平面长度a(m)	86.9	86.9	86.9	66.3	66.3
住宅平面宽度b(m)	16.7	16.7	16.7	25.8	25.8
住宅建筑高度H(m)	9	23.6	27	27.7	42
单位建筑能耗Q(W/m²)	5.790	5.545	5.550	5.827	5.857

表格来源：作者自绘

住宅的层高取3m，则以上不同类型的最佳节能住宅的层数分别为3层、8层、9层、9层、14层。

通过表5-1可以看出，对于不同高度的住宅，最佳节能体形的平面尺寸是固定的，而且该平面的住宅能耗水平随着建筑高度的增大，呈现先下降后升高的趋势。

5.2 最佳节能住宅的修正

5.2.1 窗墙比

由上文论述得知，住宅的窗墙比参数对建筑冬季采暖能耗以及夏季空调能耗均有较大影响。因此，在研究住宅的最佳节能体形时，必须考虑建筑外窗的大小，将窗墙比作为最佳节能体形的必要参数，从而得到修正后的体形参数。

《住宅设计规范》GB 50096—1999 中规定每套住宅至少应有 1 个居住空间能获得日照，当有 4 个居住空间时，至少应有 2 个房间获得日照。住宅建筑采光以采光系数的最低值为计算标准，结合《建筑采光设计标准》中的相关规定，住宅中各使用房间的采光系数、照度值如表 5-2 所示。

住宅室内采光标准[126,127]　　**表 5-2**

采光等级	房间名称	侧面采光		
		采光系数最低值 C_{min}(%)	室内天然光临界照度(lx)	窗地面积比 (A_c/A_d)
Ⅳ	起居室(厅)、书房、卧室、厨房	1	50	1/7
Ⅴ	卫生间、过厅、楼梯间、餐厅	0.5	25	1/12

此外，根据室内采光的要求，在住宅设计中，对外窗的设计提出了窗地比的指标，即直接天然采光房间的侧窗洞口面积与该房间地面面积的比值，对其取值有以下规定：

其中采光面积的计算以有效采光面积为准，具体指离地面高度 0.5m 以上窗洞口面积。而且要求侧窗的上沿离地面距离不宜小于 2m，以保证室内照度的均匀性和房间深处的照度。

而根据文献［128］中有关居住建筑外窗面积的论述，为了满足室内光环境的要求，以标量采光系数为依据，得出了表示住宅最小外窗面积及最小窗墙比的关系式。

$$W=\frac{100A_b\alpha C_b}{(S+5)\tau(1-\alpha)} \tag{5-15}$$

$$X=\frac{100C_b\alpha}{\tau(S+5)(1-\alpha)f_{wb}} \tag{5-16}$$

式中：W 表示房间所需的最小外窗面积（m^2）；

A_b 表示房间内表面的总和（m^2）；

C_b 表示标量采光系数；

S 表示与室外遮挡有关的系数；

α 表示室内内表面的光吸收比；

τ 表示外窗玻璃的散射透射率；

X 表示住宅的最小窗墙比；

f_{wb} 表示房间外墙面积与室内总表面积的比值。

按照我国光气候分区，天津市属于第Ⅲ类光气候区，C_b 的值取 1.0。考虑室外情况为全阴天无遮挡，S 值取 39；室内明亮程度为中等，α 值取 0.5；外窗玻璃选择双层隔热玻璃，散射透射率 $\tau=0.69$。那么，对于天津地区的住宅，最小外窗面积及最小窗墙比可以表示为：

$$W=3.29A_b \tag{5-17}$$

$$X=3.29/f_{wb} \tag{5-18}$$

按照 JGJ26—2010 中计算通过建筑外窗的耗热量的方法，折合到单位建筑面积上单位时间内通过外窗的传热量 q_{Hc} 为：

$$q_{Hc}=\frac{\sum q_{Hci}}{A_0}=\frac{\sum[K_{ci}F_{ci}(t_n-t_e)-I_{tyi}C_{ci}F_{ci}]}{A_0} \tag{5-19}$$

$$C_{ci}=0.87\times0.70\times SC \tag{5-20}$$

式中：q_{Hci}——折合到单位建筑面积上单位时间内通过外窗的传热量（W/m^2）；

K_{ci}——外窗的传热系数 [$W/(m^2\cdot K)$]；

F_{ci}——外窗的面积（m^2）；

I_{tyi}——窗外表面采暖期平均太阳辐射热（W/m^2）；

t_n——室内计算温度，取 18℃；

t_e——采暖期室外平均温度，天津地区取－0.2℃；

A_0——住宅总建筑面积（m^2）；

C_{ci}——窗的太阳辐射修正系数；

SC——窗的综合遮阳系数；

0.87——3mm 普通玻璃的太阳辐射透过率；

0.70——折减系数。

对于天津市的最佳节能住宅，式 5-19 中的建筑面积 A_0、外窗太阳辐射修正系数 C_{ci} 以及室内外计算温度 t_n、t_e 均为常数，而其余变量与窗户选型及外窗面积有关，故在计算建筑外窗对建筑耗热量的影响时，对于同一类型的窗户，开窗面积的大小与建筑耗热量成线性变化关系，关系式可以简化为：

$$q_{Hc}=\frac{(18.2K_{ci}-I_{tyi}C_{ci})F_{ci}}{A_0} \tag{5-21}$$

从上式中可以看出，对于建筑面积确定的住宅，外窗的面积 F_{ci} 越小，传热系数 K_{ci} 越小，太阳辐射修正系数 C_{ci} 越大，建筑的耗热量 q_{Hc} 越小，越有利于节能。

由于最佳节能住宅体形是建立在能耗模拟的基础上的，第四章在进行住宅能耗模拟研究时，所有建筑模型的窗墙比均按照节能设计标准规定的限值进行设置，因此，最佳节能住宅各个朝向的窗墙比分别为：南向为 0.5，北向为 0.3，东、西向为 0.35。外窗为断桥铝合金双层中空隔热玻璃，太阳辐射修正系数为 0.4，传热系数为 1.702$W/(m^2\cdot K)$。天津地区冬季采暖期各个朝向的太阳辐射平均强度 I_{tyi} 分别为：东向——56W/m^2、西向——57W/m^2、南向——106W/m^2、北向——34W/m^2，则最佳节能体形（低层住宅）的外窗传热量为：

东向：$q_{cE}=0.104$（W/m^2）

南向：$q_{cS}=-1.601$（W/m^2）

西向：$q_{cW}=0.099$（W/m^2）

北向：$q_{cN}=1.462$（W/m^2）

通过外窗的总传热量 $q_{Hc}=0.064$（W/m^2），表示折合到单位建筑面积上单位时间内通过外窗的传热量为 0.064W/m^2，占最佳节能住宅能耗 5.79W/m^2的 1.11%。

5.2.2 建筑围护结构热工性能

建筑的能耗水平直接受到围护结构热工性能的影响，降低围护结构的整体传热系数，有利于减少冬季室内的热损耗，降低夏季通过围护结构进入室内的热量，从而降低住宅的冬季采暖和夏季空调能耗，提高节能效果。

根据《严寒和寒冷地区居住建筑节能设计标准》JGJ 26—2010 中计算建筑物耗热量

指标的方法，通过建筑围护结构的传热量包括通过外墙、屋面、地面、门窗以及非采暖封闭阳台的传热量。分析计算传热量的公式，比如单位建筑面积单位时间内通过外墙、屋面的传热量 q_{Hq}、q_{Hw}的计算式：

$$q_{Hq}=\frac{\sum q_{Hqi}}{A_0}=\frac{\sum \varepsilon_{qi}K_{mqi}F_{qi}(t_n-t_e)}{A_0} \tag{5-22}$$

$$q_{Hw}=\frac{\sum q_{Hwi}}{A_0}=\frac{\sum \varepsilon_{wi}K_{wi}F_{wi}(t_n-t_e)}{A_0} \tag{5-23}$$

式中：qH_{qi}——单位建筑面积单位时间通过外墙的传热量；

ε_{qi}——外墙传热系数的修正系数，与建筑所处区域及外墙朝向有关；

K_{mqi}——建筑外墙的平均传热系数［W/(m^2·K)］；

F_{qi}——外墙的面积（m^2）；

t_n——室内计算温度，天津地区取 18℃；

t_e——采暖期室外平均温度，天津地区取－0.2℃；

A_0——住宅总建筑面积（m^2）；

qH_{qi}——单位建筑面积单位时间内通过外墙的传热量；

qH_{wi}——单位建筑面积单位时间内通过屋面的传热量；

ε_{wi}——屋面传热系数的修正系数；

K_{wi}——屋面传热系数［W/(m^2·K)］；

F_{wi}——屋面的面积（m^2）。

由此可以看出，在建筑体形等设计参数不变的情况下，对于处于同一城市的住宅，建筑的耗热量与围护结构的传热系数成正比。本研究得到的最佳节能住宅所采用的围护结构热工性能如表 3-2 所示。当住宅的围护结构发生改变时，采用最佳节能体形的住宅的单位建筑能耗将发生改变，二者成正比例关系。

上一章节得到的最佳节能住宅由能耗模拟的结论推导而得，能耗模拟中建筑模型的围护结构热工性能如表 3-2 所示，屋面的传热系数 K_w＝0.396W/(m^2·K)，外墙的传热系数 K_q＝0.564W/(m^2·K)，所以通过式 5-22、式 5-23 可以计算出最佳节能住宅（低层住宅）折合到单位建筑面积上单位时间通过外墙、屋面的传热量：

$$q_{Hq}=3.56(W/m^2)$$

$$q_{Hw}=2.35(W/m^2)$$

对于最佳节能住宅，通过外墙与屋面的耗热量为 3.56＋2.35＝5.91W/m^2，占住宅单位建筑能耗的 5.91/5.79×100%＝102.1%。

5.3　居住建筑节能体形优化设计系统

5.3.1　设计原理

建筑师在进行住宅的建筑方案设计时，往往会设计出多个方案，进行节能效果以及住宅综合性能的比选。因此，设计一个建筑节能体形优化设计系统，通过输入建筑设计参数，迅速地比较出不同建筑方案的节能效果，将大幅提高建筑师进行住宅节能设计的积极性，并可以帮助他们更早地了解建筑方案的节能效果，以便有针对性地进行后续的节能设计工作。

上一章节中，通过对能耗模拟实验的结论进行统计回归，得到了以住宅单位建筑能耗 Q 为因变量，住宅平面长度 a、平面宽度 b、建筑高度 H 为自变量的函数关系式（式 5-5）。但是，模拟实验中采用的理想模型均把建筑平面简化为长方形，而在实际工程中，住宅很少采用比较规矩的长方形平面，且建筑墙体均有一定的进退关系，所以计算建筑的能耗时，需要将其平面转换成长方形平面。上一章中得到的建筑平面形状与能耗定量关系的前提是所有建筑采用相同的平面面积，所以确定平面长度 a 与宽度 b 的数值时，在符合建筑平面基本尺寸的前提下，需要满足 $a\times b$ 等于实际建筑平面面积 S_0，对 a 和 b 的值进行调整，而调整的原则是保持长宽比 λ 不变。

即：

$$a\times b=S_0 \tag{5-24}$$

$$a/b=\lambda \tag{5-25}$$

式中：a——用于能耗计算的建筑平面长度（m）；

b——用于能耗计算的建筑平面宽度（m）；

S_0——建筑实际标准层平面面积（m^2）；

λ——建筑实际平面长宽比。

按照式 5-5，并结合表 4-6 中不同建筑平面形状与能耗的关系，利用 Excel 软件，编辑设计出通过输入不同设计参数，从而得到住宅单位建筑能耗值的系统。

由于能耗模拟实验采用的建筑模型是理想模型，所以在设计建筑节能设计系统时，无法根据能耗模拟的结论直接得到建筑设计方案的单位建筑能耗。上一章关于住宅平面形状与能耗的关系的研究，得到的结论是不同平面形状的能耗水平对比，所以建筑节能设计系统生成的是不同设计方案的能耗水平对比值。

设定最佳节能住宅的单位建筑能耗为 1，输入不同设计方案的参数，节能设计系统将各住宅方案的单位建筑能耗值与最佳节能住宅的能耗值进行对比，以能耗比的方式进行输出。

另外，该节能设计系统将首先分别得出不同平面形状下的能耗比，因不同平面尺寸、不同建筑高度共同影响而计算出的能耗比，因窗墙比不同产生的能耗比以及因围护结构热工性能不同计算出的能耗比，然后采用累计相乘的方法，得出各种因素共同影响下的综合能耗比。其中，由窗墙比参数影响的能耗比按照式 5-7 进行计算；由建筑围护结构热工性能影响的能耗比按照式 5-8、式 5-9 进行计算。

5.3.2 系统界面

软件的用户界面是连接使用者与计算机的桥梁，其好坏决定了该软件的操作性，直接关系到该程序的性能能否得到充分发挥。一个友好的操作界面应该充分考虑用户操作的准确性、易用性、高效性，可以使用户轻松、愉快地进行工作。故设计系统的用户界面应遵循以下五点原则：简易性原则、条理性原则、大众性原则、专业性原则、人性化原则。

考虑到以上各种因素，本研究中对建筑节能设计系统的操作界面进行了最优化设计：

简易性原则：针对与住宅能耗相关的建筑设计因素，用户在使用该系统时，仅需输入跟建筑节能相关的住宅设计参数，如平面形状、平面长度、平面宽度、建筑高度、建筑各个朝向窗墙比以及围护结构的传热系数等，就可以快速得出该住宅方案的节能效果。各项要求输入的设计参数简洁明了，用户比较容易操作并熟练使用。

条理性原则：本系统界面共分为三个板块：建筑基本信息板块、建筑设计参数板块、建筑节能效果板块。操作界面按照不同的输入信息进行不同板块的划分，界面设计具有条理性，用户使用时能比较直观地了解建筑的各项信息（图 5-1）。

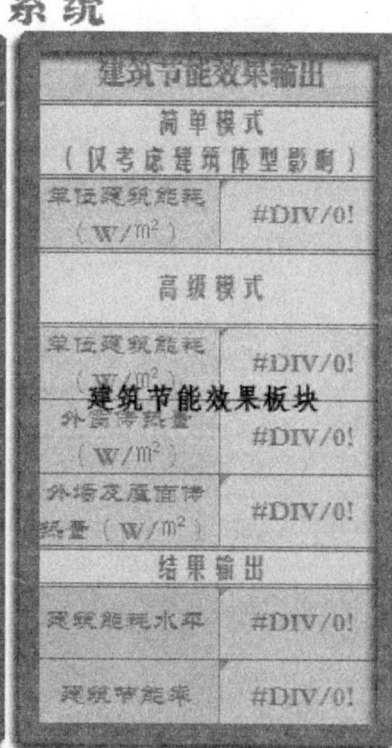

图 5-1　居住建筑节能体形优化设计系统的“三个板块”

图片来源：作者自绘

专业性原则：建筑节能设计系统是根据建筑设计参数与建筑能耗的定量关系进行开发的，在设计系统时，按照建筑设计的特点，包括了建筑方案可能涉及的各项信息，同时将各种定量关系方程式隐藏于软件后台，在体现建筑设计特征的前提下，保障该系统的软件专业性。

大众性原则：虽然该系统是为建筑师进行节能设计时考察建筑方案的节能效果而设计的，但是在设计该系统的操作界面时，对于各项输入参数的描述均采用大众熟知的词语，可以使更多的人群能方便地操作软件。同时，软件界面的设计中，隐去了复杂的计算过程，仅需简单的参数输入就能得到想要的结果，对于不熟知建筑节能设计过程的使用者，操作起来也比较简单、适用。

人性化原则：建筑节能设计系统的操作界面适用于不同人群进行快捷、方便的操作，各项参数的设计布局考虑了用户的专业习惯、知识背景等特点，具有人性化的特点。

5.3.3　开发完成设计系统

（1）总体框架

居住建筑节能体形优化设计系统软件，在设计时分为建筑基本信息模块、建筑设计参数模块、数据生成模块。在建筑基本信息模块设计中，包括建筑名称、建设地点、住宅结构类型、建筑面积等，可以清楚地了解建筑的基本概况。建筑设计参数模块由住宅平面形状、住宅组合平面长度（沿户型开间方向）、住宅组合平面宽度（沿户型进深方向）、建筑高度（建筑首层室内地面到建筑屋顶上表面的距离）、建筑各个朝向的窗墙比、外窗传热系数、屋面传热系数、屋顶面积、外墙传热系数、各个朝向外墙面积等参数组成，可以实现对建筑体形的动态控制。这个模块是软件的核心模块，用于对设计参数的配置管理和数据控制，对数据的计算处理直接在后台运行，可以实现实时配置。数据生成模块是根据输入的建筑设计参数进行综合能耗计算，然后与标准数据进行对比，得到最终结果。同时对结果进行分析，完成节能效果的描述。

（2）系统模式

建筑节能设计系统分为两种计算模式：简单模式和高级模式。“简单模式”仅需输入建筑平面形状、组合平面长度、组合平面宽度、建筑高度这四个参数值，在计算建筑能耗时将不考虑外窗及围护结构热工性能对建筑节能效果的影响。“高级模式”将考虑不同窗墙比和围护结构热工性能对建筑能耗的综合影响，需要输入全部参数值，进行计算，得出结论（图 5-2）。

居住建筑节能体形优化设计系统

建筑基本信息输入	
建筑名称	
建设地点	
建筑结构类型	
建筑面积（m^2）	
建筑层数	
建筑层高（m）	
体形系数	
标准层面积（m^2）	
标准层平面长宽比	
对应耗热量限值(W/m^2)	

建筑设计参数输入		
建筑平面形式[1]		
组合平面等效长度（m）		0
组合平面等效宽度（m）		#DIV/0!
建筑高度（m）		0
窗墙比	东向	
	南向	
	西向	
	北向	
外窗太阳辐射修正系数		
外窗传热系数（$W/(m^2\cdot K)$）		
屋面面积（m^2）		0
屋面传热系数（$W/(m^2\cdot K)$）		
外墙面积（m^2）	东向	#DIV/0!
	南向	0
	西向	#DIV/0!
	北向	0
外墙平均传热系数($W/(m^2\cdot K)$)		

建筑节能效果输出	
简单模式（仅考虑建筑体形影响）	
单位建筑能耗（W/m^2）	#DIV/0!
高级模式	
单位建筑能耗（W/m^2）	#DIV/0!
外窗传热量（W/m^2）	#DIV/0!
外墙及屋面传热量（W/m^2）	#DIV/0!
结果输出	
建筑能耗水平	#DIV/0!
建筑节能率	#DIV/0!

图 5-2　居住建筑节能体形优化设计系统用户界面

图片来源：作者自绘

（3）系统运行

建筑设计参数输入模块是系统的核心模块，用户根据软件描述的内容进行具体的参数输入。其中“建筑平面形状”参照系统下方提示，按照各种平面形状的代码进行输入，系统在进行此项数据的管理运行时，按照表 4-6 中的不同平面形状住宅能耗比进行设计，通过识别输入代码得到该类型住宅的能耗值。

“组合平面长度”与“组合平面宽度”两项数据是指建筑外墙外表面间的距离，“建筑高度”为围合建筑体积的结构高度，通过这三项数据，根据式 5-5 可以计算出住宅的单位建筑能耗，与最佳节能住宅的能耗值作对比，可得到相对的能耗比。

“窗墙比”及“外窗传热系数”按照建筑方案实际设计参数进行输入，在计算该项参数产生的能耗比时，系统首先运用式 5-19、式 5-20 计算出单位面积建筑在单位时间通过外窗的传热量，算出与最佳节能住宅通过外窗的传热量 0.064（W/m^2）的比值。再根据通过外窗的能耗占建筑总能耗的比值（0.064/3.574＝0.011），计算出因为不同窗墙比及外窗传热系数而产生的总能耗比值。

“外墙平均传热系数”及“屋面传热系数”属于系统高级模式需要输入的参数，即在考虑建筑围护结构热工性能的状况下计算建筑的节能效果。按照式 5-22、式 5-23 计算出单位建筑面积单位时间内通过外墙、屋面的传热量，通过与最佳节能住宅的数据相比较，得出最终的能耗比值。

数据生成模块综合各项计算结论，反映建筑方案的能耗水平与节能效果。其中“建筑能耗水平”由各项设计参数产生的建筑能耗与标准建筑能耗的比值累计相加而得。“建筑节能率”则是将住宅方案的总单位建筑能耗值与《严寒地区和寒冷地区居住建筑节能设计标准》JGJ26—2010 中限定的建筑物耗热量指标相比，由于该节能设计标准是“65%”节能设计标准，所以将比值 K 与标准的节能率相乘，得到设计方案的总节能率 η。具体计算方法为：$\eta=[1-(K\times0.35)]\times100\%$。

5.3.4　该系统的应用前景

（1）帮助建筑师在住宅方案设计阶段比较不同方案的节能效果，在建筑设计初期进行节能设计，设计出节能效果与设计方案俱佳的作品，提高建筑师自身的主动性，发挥其在建筑节能设计工作中的主导作用。

（2）为节能住宅的验收以及节能设计新标准的编制提供便利。比如天津市在新的居住建筑节能设计标准的制定中，通过对相关限值的数值输入，验证与旧规范的结果相比，是否达到节能 75%的要求。新建住宅，通过对建筑设计参数的输入，与标准中规定的建筑体形的节能效果相比较，进而验证是否达到三步节能建筑要求。

5.4　本章小节

本章首先在上述研究的基础上，根据能耗模拟的结论以及得到的各设计参数与能耗的定量关系式，研究出在限定建筑平面面积的情况下的最佳节能住宅。综合所有的能耗模拟数据，以平面长度 a、平面宽度 b、建筑高度 H 为自变量，单位建筑能耗 Q 为因变量，运用数学统计软件进行多元函数回归，得到表示平面长度、平面宽度、建筑高度与能耗的定量关系的函数关系式（式 5-5）。同时，按照对住宅建设数据的调研结论以及相关的住宅设计规范、标准，设定住宅的平面面积为 150～1600m^2，对该函数关系式进行最小值求解，得出最小建筑能耗水平下各设计参数的取值，形成最佳节能住宅体形。

由于最佳节能住宅体形是建立在能耗模拟的基础上，能耗模型采用的是固定的窗墙比及围护结构，而这两个设计参数的变化会影响住宅的节能效果，因此，应研究窗墙比及建筑围护结构热工性能与建筑能耗的关系。研究中，以室内最小采光为准则，计算出最小的窗墙比参数（式 5-18），并依据建筑节能设计标准中的相关计算方法，得出建筑外窗面积、外窗传热系数以及建筑外墙和屋面面积、外墙和屋面传热系数与住宅耗热量的定量关系式（式 5-21～式 5-23）。

根据各个建筑设计参数与能耗的定量关系式，开发建筑节能设计系统，可用于不同建筑方案的节能效果对比以及计算建筑方案的节能率。在设计该系统的操作界面时，按照简易性、条理性、大众性、专业性、人性化的原则，保证该软件有一定的普适度。按照建筑基本信息模块、建筑设计参数模块以及数据生成模块三部分来组织软件的框架，依据式5-5以及平面形状与能耗的定量关系表、窗墙比及围护结构传热系数与能耗的定量关系式，进行数据生成，并以最佳节能住宅的能耗值以及节能设计标准中规定的耗热量指标为参考，设计“能耗比”与“节能率”数据模块。

第六章　天津既有居住建筑节能检测

2005 年天津市开始对新建住宅执行“三步节能”设计标准，作为全国率先推行该标准的城市之一，截止到 2011 年底，全市范围内已建成 1.2 亿 m^2 节能住宅，占城镇住宅总量的六成以上。不断提升住宅的节能效果是建设低碳型社会的必然要求，采用新的行之有效的节能设计方法更是建设节能住宅的迫切要求。本研究通过对能耗模拟研究结论的分析，得到了不同类型居住建筑的最佳节能体形以及基于最佳节能体形的节能设计系统。为了验证该系统的可靠性，本章将通过对天津地区已建成住宅进行能耗检测，将检测数据与节能设计系统生成的结论进行对比，以得到真正可靠的居住建筑节能体形优化设计系统，促进节能住宅设计工作更为便捷、有效地开展。

6.1　检测对象

首先，能耗检测的对象选择为天津市达到 65%节能标准的居住建筑，其次，根据居住建筑节能设计系统的原理，不同的住宅类型有不同的设计方法，故在进行居住建筑的能耗检测时，既需要选择相同类型的住宅进行对比，也要对不同类型住宅的节能效果进行比较分析，这样才能更为有效地对居住建筑节能体形优化设计系统的准确性进行验证。

因此，居住建筑节能检测的对象选择为 4 栋居住类建筑，分别是华夏津典泉水园小区 6 号楼、万源星城二期龙郡小区 14 号楼、双港柳林安置住宅一号地工程 A1 号楼、新北家园一期 101 号楼。

（1）华夏津典 6 号楼

夏津典楼盘包括涟水园和泉水园两个小区，是天津市按照三步节能标准进行建设的示范小区，于 2006 年底竣工并开始入住。其中泉水园居住区共包括 2 幢高层住宅、13 幢小高层住宅以及 5 幢多层住宅，住宅总建筑面积约为 12.15 万 m^2。该小区采用集中供热方式进行冬季采暖，夏季采用分体式（入户式）空调。住户大部分利用散热器采暖，每组散热器安装一个自力式恒温控制阀，每户安装一个超声波热量表。集中供热系统不提供生活热水。

图 6-1　泉水园 6 号楼实景

图片来源：http：//tianjin. anjuke. com/community/phot

泉水园小区 6 号楼为 9 层板式住宅，层高 3m，建筑结构采用短肢剪力墙形式。住宅为 2 单元，每层 4 户，共 36 户。户型为三室两厅两卫，标准组合平面轴线长度为 54.8m、轴线宽度为 11.7m（阳台及飘窗尺寸不计算在内），户型面积为 165.8～176.1m^2，总建筑面积为 6305.0m^2。

该住宅外墙主材选用轻集料混凝土空心砌块，并选择模塑聚苯板薄抹灰外保温系统，外墙传热系数设计值均在 0.6 W/(m^2 · K) 以下；外窗选择为断桥铝合金双层中空玻璃窗，传热系数为 3.0 W/(m^2 · K)，外窗气密性设计为 6 级；屋面为非上人屋面，保温材料选择 110mm 厚的 EPS 板，传热系数 K 值达到 0.43 W/(m^2 · K)；非采暖楼梯间与采暖空间隔墙采用 30mm 厚的保温砂浆，传热系数为 1.47 W/(m^2 · K)。

泉水园 6 号楼建筑结构类型及围护结构热工性能情况　　表 6-1

<table>
<tr><td colspan="3">项目名称</td><td colspan="4">项目地址</td><td>建筑类型</td><td>建筑面积(m^2)/层数</td></tr>
<tr><td colspan="3">华夏津典泉水园 6 号楼</td><td colspan="4">天津市河西区梅江居住区</td><td>短肢剪力墙</td><td>6305/9～10</td></tr>
<tr><td colspan="2">建筑外表面积 F_0(m^2)</td><td>5673.69</td><td colspan="3">建筑体积 V_0(m^3)</td><td>18914.86</td><td>体形系数 $S=F_0/V_0$</td><td>0.30</td></tr>
<tr><td colspan="2">围护结构部位</td><td colspan="5">传热系数 K[W/(m^2 · K)]</td><td colspan="2">做法</td></tr>
<tr><td colspan="2">屋面</td><td colspan="5">0.43</td><td colspan="2">粒料保护层，4mm 厚高聚物改性沥青防水卷材，20mm 厚 1 ∶ 3 水泥砂浆，30mm 厚水泥焦渣，110mm 厚模塑聚苯板</td></tr>
<tr><td colspan="2">外　墙</td><td colspan="5">0.55</td><td colspan="2">80mm 厚模塑聚苯板，20mm 厚水泥砂浆，190mm 厚炉渣空心砌块</td></tr>
<tr><td colspan="2">分隔采暖与非采暖空间的隔墙</td><td colspan="5">1.47</td><td colspan="2">30mm 厚聚苯颗粒保温浆料</td></tr>
<tr><td colspan="2">户门</td><td colspan="5">0.99</td><td colspan="2">钢制保温(岩棉)门</td></tr>
<tr><td rowspan="5">外窗(含阳台门透明部分)</td><td>朝向</td><td colspan="2">窗墙面积比</td><td>传热系数 K [W/(m^2 · K)]</td><td colspan="2">遮阳系数 SC</td><td colspan="2">——</td></tr>
<tr><td>东</td><td colspan="2">0.11</td><td>3</td><td colspan="2">0.66</td><td colspan="2">5+12A+5 中空玻璃断桥铝合金窗</td></tr>
<tr><td>南</td><td colspan="2">0.43</td><td>3</td><td colspan="2">0.66</td><td colspan="2">5+12A+5 中空玻璃断桥铝合金窗</td></tr>
<tr><td>西</td><td colspan="2">0.11</td><td>3</td><td colspan="2">0.66</td><td colspan="2">5+12A+5 中空玻璃断桥铝合金窗</td></tr>
<tr><td>北</td><td colspan="2">0.25</td><td>3</td><td colspan="2">0.66</td><td colspan="2">5+12A+5 中空玻璃断桥铝合金窗</td></tr>
<tr><td>地面</td><td>周边/非周边</td><td colspan="5">0.52/0.30</td><td colspan="2">接触土壤</td></tr>
</table>

表格来源：作者自绘

（2）万源星城 14 号楼

万源星城二期龙郡小区于 2006 年完工，亦是按照 65％节能标准进行建设的节能住宅。该小区主要为 3 层的联排别墅、6 层的多层住宅及 9 层的小高层住宅，住宅总建筑面积约为 20.19 万 m^2，共 2370 户，容积率为 1.2。该小区供暖采用热力站集中供热，该系统不提供生活热水，住区采用分散式空调系统，独立式空调器。

本次能耗检测选择 14 号住宅楼，为 10 层板式住宅，建筑层高为 2.9m，建筑高度（首层地面到屋顶楼板上表面的距离）为 29m。该楼栋有三个户型单元，一层 6 户，共 60 户，均有三居室户型，户型面积为 98.3m^2，总建筑面积为 6604.8m^2。住宅平面形状近似于长方形，平面长为 60m（轴线距离，不包括飘窗），宽为 10.2m（轴线距离，不包括阳台）。

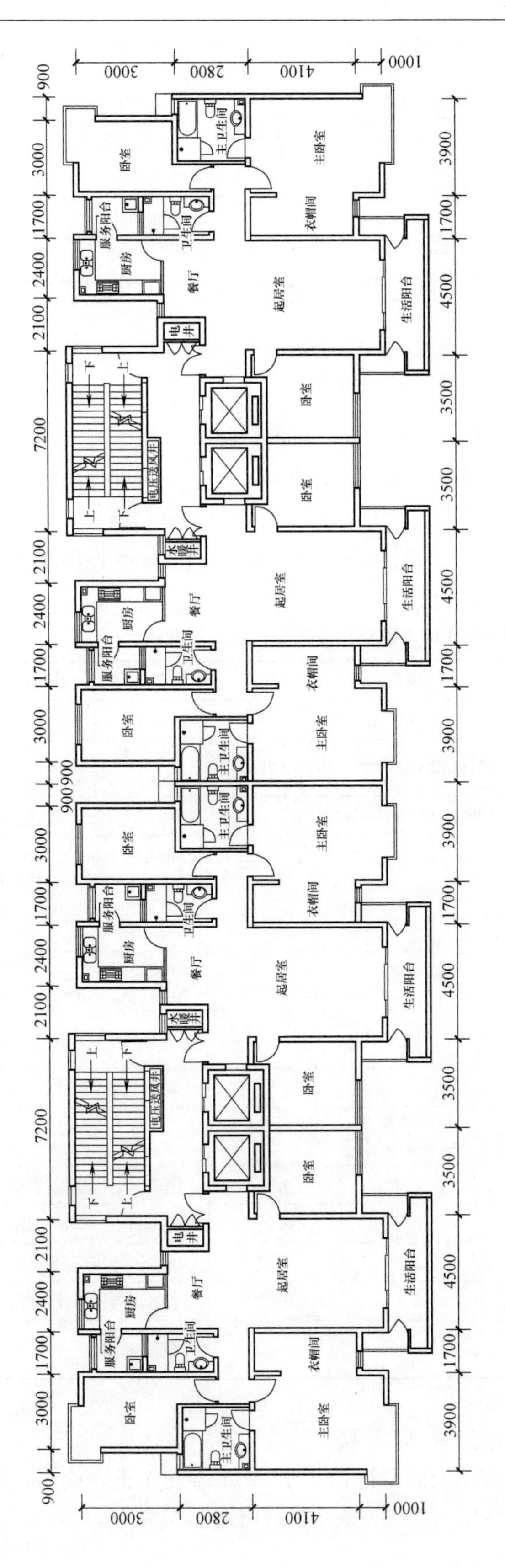

图 6-2　华夏津典泉水园小区 6 号楼组合平面图

图片来源：http：//data. house. sina. com. cn/tj12386/picture/104918/

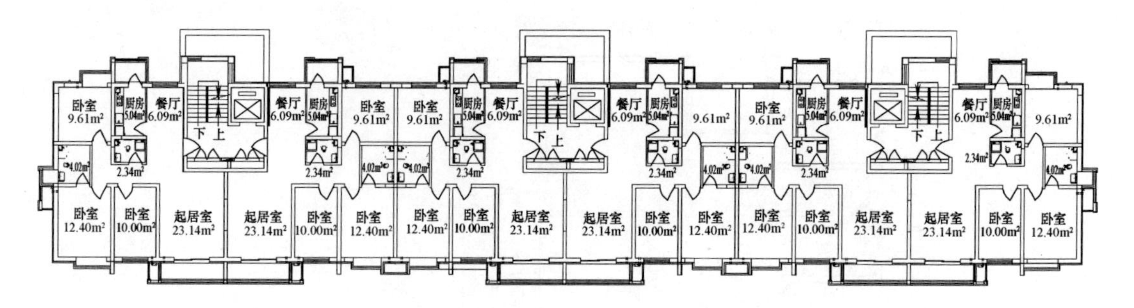

图 6-3 龙郡小区 14 号楼标准层平面

图片来源：作者自绘

龙郡 14 号楼为框架结构，外墙采用 250mm 厚的轻集料混凝土空心砌块，保温材料选用 60mm 厚的挤塑聚苯板，平均传热系数为 0.47W/(m^2·K)；屋面保温系统采用 100mm 厚的模塑聚苯板，传热系数为 0.44W/(m^2·K)；外窗采用单框塑钢窗，选用双层中空隔热玻璃，K 值为 2.7W/(m^2·K)；非采暖楼梯间的隔墙采用 20mm 厚的聚苯颗粒保温砂浆，传热系数为 1.33W/(m^2·K)。

龙郡 14 号楼建筑结构类型及围护结构热工性能情况　　表 6-2

项目名称		项目地址			建筑类型	建筑面积(m^2)/层数
万源星城龙郡 14 号楼		天津市北辰区			框架	6604.8/10
建筑外表面积 F_0(m^2)	5791.1	建筑体积 V_0(m^3)		19153.9	体形系数 $S=F_0/V_0$	0.29
围护结构部位		传热系数 K[W/(m^2·K)]			做法	
屋面		0.49			防水层，20mm 厚水泥砂浆找平层，70mm 厚水泥焦渣找坡层，100mm 厚模塑聚苯板，100mm 厚现浇混凝土屋面板	
外墙		0.47			内墙抹灰，250mm 厚轻集料混凝土空心砌块，60mm 厚挤塑聚苯板	
分隔采暖与非采暖空间的隔墙		1.33			20mm 厚聚苯颗粒保温砂浆	
户门		1.5			防盗保温门	
外窗(含阳台门透明部分)	朝向	窗墙面积比	传热系数 K [W/(m^2·K)]	遮阳系数 SC	—	
	东	0.09	2.7	0.57	单框中空玻璃塑钢窗	
	南	0.37	2.7	0.57	单框中空玻璃塑钢窗	
	西	0.09	2.7	0.57	单框中空玻璃塑钢窗	
	北	0.18	2.7	0.57	单框中空玻璃塑钢窗	
地面	周边/非周边	0.52/0.30			接触土壤	

表格来源：作者自绘

（3）双港柳林安置住宅一号地工程 A1 号楼

双港柳林安置住宅位于天津市津南区双港镇，于 2011 年完工投入使用，该小区为柳林风景区的还迁房，全部为高层住宅，共 24 栋，规划用地面积为 16.4hm^2，住宅建筑面积 32 万 m^2。该小区共 4000 余户，采用集中供暖系统，住户采用分散式单体空调系统。

本次节能检测选择 A1 号楼，为 25 层塔式双拼住宅，南北朝向，建筑层高为 2.9m，建筑高度（首层地面到屋顶楼板上表面的距离）为 72.5m。该楼栋为两个塔式住宅单元双拼而成，每个单元每层 5 户，共 250 户，户型为一居室、二居室、三居室（2：2：1），户型面积为 48.6～115.6m^2，总建筑面积为 23098.25m^2，标准层面积为 822.48m^2。住宅平面形状为两个凹字形拼合，平面长为 64.98m（轴线距离，不包括飘窗），宽为 16.4m（轴线距离，不包括阳台），平面周长为 212.3m（不包含阳台、飘窗等）。

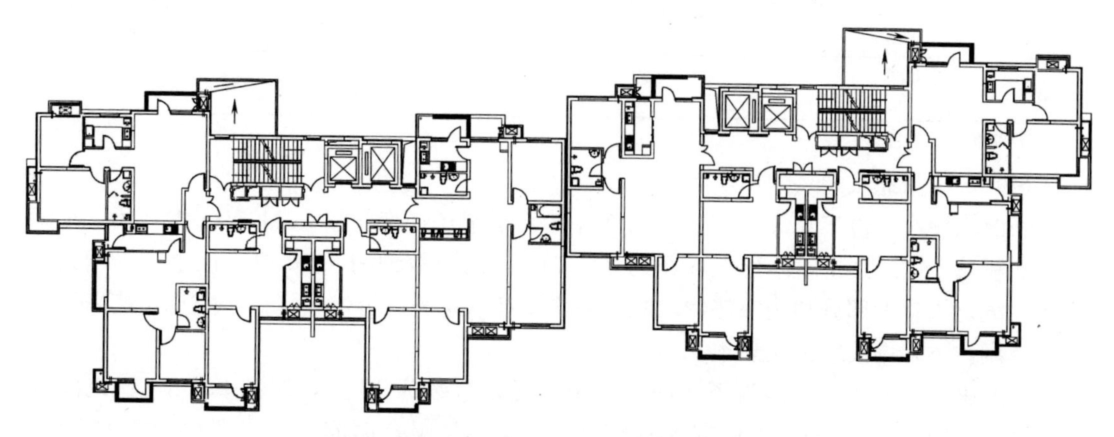

图 6-4　柳林安置住宅一号地 A1 号楼标准层平面

图片来源：作者自绘

A1 号楼为剪力墙结构，外墙保温采用 50mm 厚的挤塑聚苯板，传热系数设计值为 0.547W/(m^2·K)；屋面采用 70mm 厚挤塑聚苯乙烯泡沫塑料保温板，传热系数设计值为 0.422W/(m^2·K)；外窗采用塑钢型材双层中空保温窗，传热系数为 2.7W/(m^2·K)；非采暖楼梯间隔墙采用 20mm 厚的 FTC 自调温相变保温材料，K 值为 0.98W/(m^2·K)；不采暖空间上部楼板采用 80mm 厚超细无机纤维喷涂，K 值为 0.528W/(m^2·K)。

柳林安置住宅区 A1 号楼建筑结构类型及围护结构热工性能情况　　表 6-3

项目名称		项目地址		建筑类型	建筑面积(m^2)/层数
柳林安置住宅区 A1 号楼		天津市津南区		剪力墙	23098.25/25
建筑外表面积 F_0(m^2)	18247.75	建筑体积 V_0(m^3)	66984.93	体形系数 $S=F_0/V_0$	0.27
围护结构部位	传热系数 K[W/(m^2·K)]			做法	
屋　面	0.422			防水层，20mm 厚水泥砂浆找平层，20mm 厚水泥膨胀珍珠岩板找坡层，70mm 厚模塑聚苯乙烯泡沫塑料板，120mm 厚现浇混凝土屋面板	
外墙	0.547			200mm 厚蒸压混凝土外墙及钢筋混凝土外墙，50mm 厚挤塑聚苯板	
分隔采暖与非采暖空间的隔墙	0.98			20mm 厚 FTC 自调温相变保温材料	
户门	1.5			成品三防门（内填岩棉）	

续表

项目名称		项目地址			建筑类型	建筑面积(m^2)/层数
外窗(含阳台门透明部分)	朝向	窗墙面积比	传热系数 K [W/(m^2·K)]	遮阳系数 SC	—	
	东	0.09	2.7	0.57	塑钢型材双层中空保温窗	
	南	0.36	2.7	0.57	塑钢型材双层中空保温窗	
	西	0.09	2.7	0.57	塑钢型材双层中空保温窗	
	北	0.23	2.7	0.57	塑钢型材双层中空保温窗	
地面	周边/非周边	0.52/0.30			接触土壤	

表格来源：作者自绘

(4) 天津新北家园一期 101 号楼

新北家园小区位于天津市塘沽区北塘片区，属于还迁房，于 2011 年建成入住，小区用地面积共 28.3 万 m^2，总建筑面积约 60 万 m^2，总户数约为 6000 户。该小区采用集中供暖系统，入户大部分利用散热器取暖，各户安装热量表进行供热计量。空调系统采用分体式空调，不采用集中供应热水。

新北家园一期 101 号楼为塔式高层住宅，建筑层数为 18 层，层高 2.8m，建筑高度(结构层高度)为 50.4m。该住宅为两栋塔式住宅单位组合而成，每层 8 户，共 144 户，户型均为两居室，面积为 50.2m^2、47.1m^2，标准层面积为 521.96m^2，总建筑面积为 9173.88m^2。建筑平面为“H”形平面双拼组合，平面长度为 49.09m（轴线距离，不包括飘窗)，宽为 12.3m（轴线距离，不包括阳台)，平面周长为 172.6m（不包含阳台、飘窗等)。

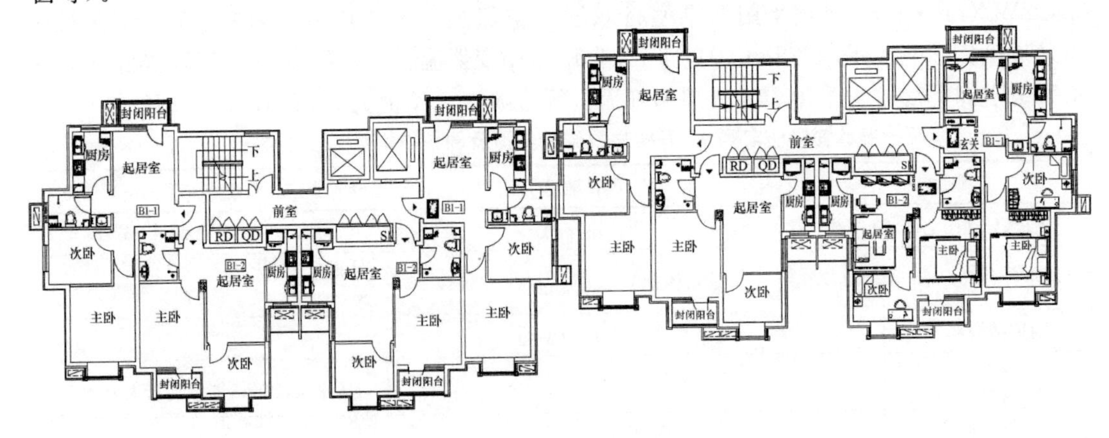

图 6-5 新北家园一期 101 号楼标准层平面

图片来源：作者自绘

该住宅结构类型为剪力墙结构，外墙采用 70mm 厚的挤塑聚苯板保温系统，传热系数 K 的设计值为 0.54W/(m^2·K)；屋面保温材料采用 130mm 厚的模塑聚苯板，传热系数设计值为 0.49W/(m^2·K)；外窗采用断桥铝合金双层中空玻璃窗，传热系数为 2.7W/(m^2·K)；分隔采暖与非采暖空间的隔墙采用 20mm 厚的 FTC 自调温相变保温材料，K

值为0.93W/(m² · K)；不采暖空间上部楼板采用50mm厚FTC自调温相变保温材料，K值为0.55W/(m² · K)。

新北家园一期101号楼建筑结构类型及围护结构热工性能情况　　表6-4

<table>
<tr><td colspan="3">项目名称</td><td colspan="3">项目地址</td><td>建筑类型</td><td>建筑面积(m²)/层数</td></tr>
<tr><td colspan="3">新北家园一期101号楼</td><td colspan="3">天津市塘沽区</td><td>剪力墙</td><td>9173.88/18</td></tr>
<tr><td colspan="2">建筑外表面积 F_0(m²)</td><td>8962.75</td><td colspan="2">建筑体积 V_0(m³)</td><td>25686.86</td><td>体形系数 $S=F_0/V_0$</td><td>0.35</td></tr>
<tr><td colspan="2">围护结构部位</td><td colspan="4">传热系数 K[W/(m² · K)]</td><td colspan="2">做　法</td></tr>
<tr><td colspan="2">屋面</td><td colspan="4">0.49</td><td colspan="2">120mm厚模塑挤塑板</td></tr>
<tr><td colspan="2">外　墙</td><td colspan="4">0.54</td><td colspan="2">200mm厚蒸压混凝土外墙及钢筋混凝土外墙,50mm厚挤塑聚苯板</td></tr>
<tr><td colspan="2">分隔采暖与非采暖空间的隔墙</td><td colspan="4">0.93</td><td colspan="2">20mm厚FTC自调温相变保温材料</td></tr>
<tr><td colspan="2">户门</td><td colspan="4">1.5</td><td colspan="2">成品三防门(内填岩棉)</td></tr>
<tr><td rowspan="5">外窗(含阳台门透明部分)</td><td>朝向</td><td colspan="2">窗墙面积比</td><td>传热系数 K [W/(m² · K)]</td><td>遮阳系数 SC</td><td colspan="2">—</td></tr>
<tr><td>东</td><td colspan="2">0.05</td><td>2.7</td><td>0.66</td><td colspan="2">断桥铝合金双层中空玻璃窗</td></tr>
<tr><td>南</td><td colspan="2">0.24</td><td>2.7</td><td>0.66</td><td colspan="2">断桥铝合金双层中空玻璃窗</td></tr>
<tr><td>西</td><td colspan="2">0.05</td><td>2.7</td><td>0.66</td><td colspan="2">断桥铝合金双层中空玻璃窗</td></tr>
<tr><td>北</td><td colspan="2">0.28</td><td>2.7</td><td>0.66</td><td colspan="2">断桥铝合金双层中空玻璃窗</td></tr>
<tr><td>地面</td><td>周边/非周边</td><td colspan="4">0.52/0.30</td><td colspan="2">接触土壤</td></tr>
</table>

表格来源：作者自绘

6.2　检测方法

按照《居住建筑节能检测标准》JGJ/T 132—2009中的相关规定，建筑节能现场检测主要是针对住宅的围护结构传热系数、室内温度、建筑物年采暖耗热量、外窗气密性、建筑热工缺陷以及系统设备性能等内容。常规的检测方法是根据标准中规定的检测内容，直接对建筑的耗热量进行检测统计。本研究采用的方法是：检测建筑围护结构主体部位的传热系数，利用节能设计标准中建筑耗热量的计算方法，对建筑的冬季耗热量进行计算，从而得出建筑物的节能效果。

6.2.1　典型房间的选择

建筑围护结构主体部位传热系数检测，主要考虑不同建筑部位的差异，每栋住宅选择三个不同的住户房间进行测试，三个房间要求至少一面墙体为建筑外墙，至少一个房间为顶层房间。考虑住宅的高度及户型的不同，分别按照首层有外墙户、中间层有外墙户、顶层有外墙进行具体选定。泉水园6号楼选择2单元101、501、901三个住户为检测对象；龙郡小区14号楼选取1单元101、501、1001三个住户为检测房间；柳林安置区一号地

A1 号楼选择 1 单元 101、1201、2501 三个住户为典型房间进行检测；新北家园一期 101 号楼选择 101、901、1801 房间作为能耗检测的典型房间（表 6-5）。

能耗检测典型房间的选取　　表 6-5

	泉水园 6 号	龙郡 14 号	柳林安置区 A1 号	新北家园 101 号
1	2—101	1—101	1—101	1—101
2	2—501	1—501	1—1201	1—901
3	2—901	1—1001	1—2501	1—1801

表格来源：作者自绘

6.2.2　围护结构传热系数检测

采用热流计法对四栋住宅的围护结构进行检测，外墙测试中，热流计测点选择在远离窗口、墙角的位置，具体为水平方向距离室内隔墙 500mm，垂直方向上距地面 1000mm、1400mm、1800mm 的位置分别布置一个热流计（图 6-6），并在室内外相应的位置布置温度传感器，用温度巡检仪进行热流和温度计量。屋面测试时，热流计布点选择在距离女儿墙至少 2000mm、距离楼板下墙体至少 500mm 的位置，三个热流计并列排放，间距为 500mm。

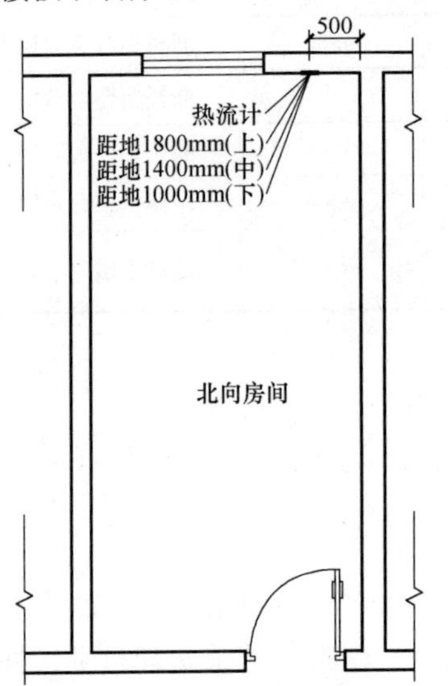

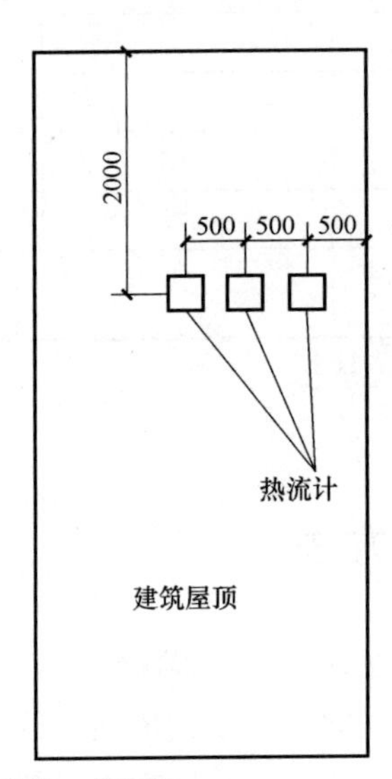

图 6-6　热流计布置点位图（墙体、屋面）

图片来源：作者自绘

通过检测，得到各栋住宅围护结构主要部位的传热系数如表 6-6 所示。

建筑围护结构传热系数检测 W/(m²·K)　　表 6-6

楼栋号	屋顶	外墙	外窗	楼梯间隔墙
泉水园 6 号	0.43	0.55	3.0	1.47
龙郡 14 号	0.44	0.48	2.7	1.35
柳林安置区 A1 号	0.42	0.54	2.5	0.93
新北家园 101 号	0.49	0.54	2.7	0.93
节能设计标准中规定的限值	0.45	0.70	2.7	1.5

表格来源：作者自绘

从检测结果可以看出，泉水园 6 号楼外窗以及新北家园 101 号楼的传热系数大于节能设计标准规定的限值，需要按照节能设计标准中的计算方法进行围护结构热工性能权衡判断，以判断是否符合建筑节能设计的要求。

6.2.3　住宅热工缺陷检测

能耗检测中，采用红外热像仪分别对泉水园 6 号楼、龙郡 14 号楼、柳林安置区 A1 号楼以及新北家园 101 号楼进行建筑物热工缺陷检测，对建筑外立面进行普测，并重点检测北向外墙的热工性能。通过检测，如图 6-7 所示，发现除了部分住宅外墙上的燃气管孔和空调孔外，并没有明显的热工缺陷。

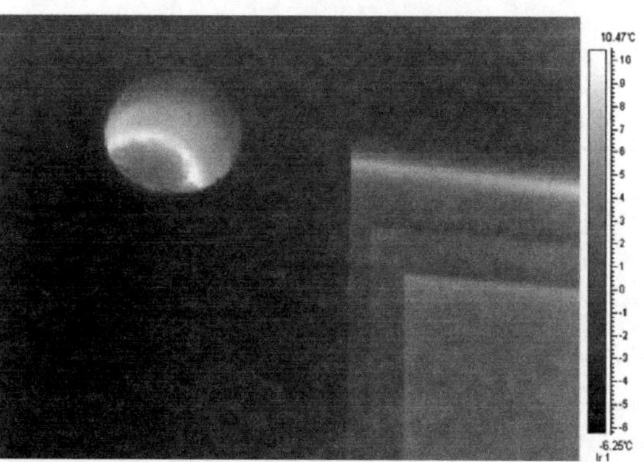

图 6-7　四栋住宅热工缺陷检测结果

图片来源：作者自绘

6.2.4　热桥部位内表面温度检测

检测时，采用红外热像仪分别对四栋建筑物首层受检住户的建筑外墙进行重点检测，发现四栋住宅的外墙保温性能较好，没有出现明显的热桥。另外，通过红外热像仪检测发现，外窗过梁处的温度最低，故对四栋建筑受检住户进行热桥部位内表面温度检测验证，测点分别选择为卧室和厨房北向外窗过梁内表面。如泉水园 6 号楼，采用热电偶设置两个点进行测试，用巡回检测仪进行数据统计，得出温度分别为 14.6℃、15.2℃，而在室内温度为 18℃、相对湿度为 60%的条件下，露点温度经过计算查表得知为 10.1℃，故热桥部位内表面温度符合相关标准的规定。

热桥部位内表面温度检测结果（℃）　　**表 6-7**

	泉水园 6 号	龙郡 14 号	柳林安置 A1 号	新北家园 101 号	标准露点温度
测点一	14.6	13.3	13.5	14.2	10.1
测点二	15.2	13.8	13.5	14.1	10.1

6.2.5　建筑气密性检测

分别对四栋住宅的外窗窗口气密性能进行检测，得到泉水园 6 号楼、龙郡小区 14 号楼、柳林安置区 A1 号楼和新北家园 101 号楼外窗的单位开启缝长空气渗透量 q_1 值分别为

1.38m³/(m·h)、1.42m³/(m·h)、1.46m³/(m·h)、1.44m³/(m·h)，单位面积空气渗透量 q_2 值分别为 4.33m³/(m²·h)、4.38m³/(m²·h)、4.41m³/(m²·h)、4.39m³/(m²·h)，气密性等级达到《建筑外门窗气密、水密、抗风压性能分级及检测方法》GBT 7106—2008 中规定的 6 级（$1.5 \geq q_1 \wedge 1.0$，$4.5 \geq q_2 \wedge 3.0$）。采用建筑物整体气密性测试系统进行检测，四栋建筑物的换气次数均为 0.6～0.8 次/小时（表 6-8）。

图 6-8　室内窗户热桥部位内表面温度检测

图片来源：作者拍摄

建筑外窗气密性检测结果　　表 6-8

	泉水园 6 号	龙郡 14 号	柳林安置 A1 号	新北家园 101 号
单位开启缝长空气渗透量 q_1[m³/(m·h)]	1.38	1.42	1.46	1.44
单位面积空气渗透量 q_2[m³/(m²·h)]	4.33	4.38	4.41	4.39

表格来源：作者自绘

6.3 建筑耗热量计算

6.3.1 计算方法

按照《严寒和寒冷地区居住建筑节能设计标准》JGJ26—2010 中建筑物耗热量指标的计算方法：

$$q_{H}=q_{HT}+q_{INF}-q_{IH} \tag{6-1}$$

式中：q_{H}——建筑物耗热量指标（W/m²）；

q_{HT}——折合到单位建筑面积上单位时间内通过建筑围护结构的传热量（W/m²）；

q_{INF}——折合到单位建筑面积上单位时间内建筑物空气渗透耗热量（W/m²）；

q_{IH}——折合到单位建筑面积上单位时间内建筑物内部得热量，取 3.8W/m²。

折合到单位建筑面积上单位时间内通过建筑围护结构的传热量 q_{HT} 的计算方法是：

$$q_{HT}=q_{Hq}+q_{Hw}+q_{Hd}+q_{Hmc}+q_{Hy} \tag{6-2}$$

式中：q_{Hq}——折合到单位建筑面积上单位时间内通过墙的传热量（W/m²）；

q_{Hw}——折合到单位建筑面积上单位时间内通过屋面的传热量（W/m²）；

q_{Hd}——折合到单位建筑面积上单位时间内通过地面的传热量（W/m²）；

q_{Hmc}——折合到单位建筑面积上单位时间内通过门、窗的传热量（W/m²）；

q_{Hy}——折合到单位建筑面积上单位时间内通过非采暖封闭阳台的传热量（W/m²）。

其中，通过外墙、屋面和外窗的传热量按照第五章中的式 5-19、式 5-22、式 5-23 进行具体计算。

折合到单位建筑面积上单位时间内建筑物空气渗透耗热量 q_{INF} 的计算方法是：

$$q_{INF}=\frac{(t_n-t_e)(C_p\rho NV)}{A_0} \tag{6-3}$$

式中：t_n——室内计算温度，取 18℃，当外墙内侧是楼梯间时，则取 12℃；

t_e——采暖期室外平均温度，天津地区取−0.2℃；

C_p——空气的比热容，取 1kJ/(kg・K)；

ρ——空气的密度（kg/m²），取采暖期室外平均温度 t_e 下的值；

N——换气次数，取 0.5 次/h；

V——换气体积（m³）；

A_0——住宅总建筑面积（m²）。

6.3.2 耗热量指标计算

根据上述计算方法，结合现场检测得到的建筑围护结构的传热系数，对所选四栋住宅的耗热量指标进行计算。其中，计算建筑物空气换气耗热量时，空气密度按照如下方程式进行计算：

$$\rho=\frac{1.293\times273}{t_e+273}=\frac{353}{t_e+273}\text{kg/m}^3 \tag{6-4}$$

对四栋住宅耗热量指标进行计算，结果如表 6-9 所示。

检测住宅耗热量指标统计　　　　表 6-9

	泉水园 6 号	龙郡 14 号	柳林安置 A1 号	新北家园 101 号
耗热量指标(W/m²)	13.2	13.1	10.7	12.1
耗热量指标规定限值(W/m²)	14.3	14.3	12.7	12.7
能耗比	1	0.99	0.81	0.92

表格来源：作者自绘

由以上的计算结果可以看出，华夏津典泉水园小区 6 号楼、万源星城龙郡小区 14 号楼、柳林安置区 A1 号楼以及新北家园 101 号楼的耗热量指标分别为 12.7W/m²、13.4W/m²、10.7W/m²、12.1W/m²，四者的能耗比为 1∶0.99∶0.81∶0.92。所检测的四栋住宅的耗热量指标均满足节能设计标准规定的限值要求，达到了“65%节能”的设计标准。

6.4 检测数据与节能系统的验证

6.4.1 住宅的检测能耗数值比

根据“居住建筑节能体形优化设计系统”的数据输入要求，需要对住宅组合平面的长度、宽度以及建筑外窗太阳辐射修正系数、外墙面积等数值进行计算确定。首先，按照上一章中的式 5-24、式 5-25，计算出平面长度和宽度值。其中，建筑外窗外表面采暖期太阳辐射热采用系统默认的天津地区的数值，外窗的太阳辐射修正系数按照节能设计标准中规定的方法计算，即：

$$C_{mci}=0.87\times0.70\times SC \quad (6\text{-}5)$$

式中：C_{mci}——外窗的太阳辐射修正系数；

SC——外窗的综合遮阳系数，数值参照本章第一节中的相关数据；

0.87——3mm 普通玻璃的太阳辐射透过率；

0.70——折减系数。

经过计算，四栋住宅的外窗太阳辐射修正系数分别为0.40、0.35、0.35、0.40（表6-10）。

四栋住宅的主要建筑设计参数 **表 6-10**

住宅名称		泉水园 6 号	龙郡 14 号	柳林安置区 A1 号	新北家园 101 号
平面形状		长方形	长方形	凹字形	“H”形
平面长度(m)		54.51	62.91	56.96	43.85
平面宽度(m)		11.64	10.87	14.38	10.99
建筑高度(m)		27.0	29.0	72.5	50.4
窗墙比	东向	0.11	0.09	0.13	0.05
	南向	0.43	0.37	0.39	0.28
	西向	0.11	0.09	0.13	0.05
	北向	0.25	0.18	0.23	0.34
外窗太阳辐射修正系数		0.40	0.35	0.35	0.40
外窗 K 值[W/(m^2·K)]		3	2.7	2.5	2.7
外墙平均 K 值[W/(m^2·K]		0.55	0.47	0.54	0.54
屋面面积(m^2)		634.34	683.85	818.77	481.86
屋面 K 值[W/(m^2·K)]		0.43	0.49	0.42	0.49

表格来源：作者自绘

6.4.2 节能设计系统的验证

分别将四栋住宅的建筑设计参数输入建筑节能体形优化设计系统，计算结果如表6-11所示。

经过建筑节能系统计算后，得出如表6-11所示的结论。

四栋建筑的能耗计算结果 **表 6-11**

项目	泉水园 4 号	龙郡 14 号	柳林安置 A1 号	新北家园 101 号
单位建筑能耗(仅考虑建筑体形)(W/m^2)	6.73	6.487	6.618	7.087
单位建筑能耗(W/m^2)	7.348	7.355	6.581	7.968
建筑能耗水平	1.316	1.317	1.179	1.427
建筑节能率	82.0%	82.0%	81.9%	78.0%
能耗比	1	1	0.896	1.084

表格来源：作者自绘

由表6-11中的相关数据可以看出，通过“居住建筑节能体形优化设计系统”计算得出的住宅能耗值比建筑实际运行的能耗要小得多。这是由于该系统所采用的基础研究数据是以建筑的综合能耗为基础进行研究设计的，包括建筑采暖、空调、照明及其他能耗，而

居住建筑节能体形优化设计系统

建筑基本信息输入	
建筑名称	泉水园6#
建设地点	天津河西区
建筑结构类型	短肢剪力墙
建筑面积(m^2)	6305
建筑层数	9
建筑层高(m)	3
体形系数	0.3
标准层面积(m^2)	634.34
标准层平面长宽比	4.684
对应耗热量限值(W/m^2)	14.3

建筑设计参数输入		
建筑平面形式[1]		1
组合平面等效长度(m)		54.50916033
组合平面等效宽度(m)		11.63731006
建筑高度(m)		27
窗墙比	东向	0.11
	南向	0.43
	西向	0.11
	北向	0.25
外窗太阳辐射修正系数		0.4
外窗传热系数(W/(m^2·K))		3
屋面面积(m^2)		634.34
屋面传热系数(W/(m^2·K))		0.43
外墙面积(m^2)	东向	279.6445608
	南向	838.8959775
	西向	279.6445608
	北向	1103.810497
外墙平均传热系数(W/(m^2·K))		0.55

建筑节能效果输出	
简单模式(仅考虑建筑体形影响)	
单位建筑能耗(W/m^2)	6.730177955
高级模式	
单位建筑能耗(W/m^2)	7.348065132
外窗传热量(W/m^2)	3.967996274
外墙及屋面传热量(W/m^2)	4.759606781
结果输出	
建筑能耗水平	1.316149943
建筑节能率	0.820152252

图 6-9　泉水园小区 6 号计算界面及输出结果

图片来源：作者自绘

居住建筑节能体形优化设计系统

建筑基本信息输入	
建筑名称	龙郡小区14#
建设地点	天津北辰区
建筑结构类型	框架结构
建筑面积(m^2)	6604.8
建筑层数	10
建筑层高(m)	2.9
体形系数	0.3
标准层面积(m^2)	683.85
标准层平面长宽比	5.788
对应耗热量限值(W/m^2)	14.3

建筑设计参数输入		
建筑平面形式[1]		1
组合平面等效长度(m)		62.91362174
组合平面等效宽度(m)		10.86966512
建筑高度(m)		29
窗墙比	东向	0.09
	南向	0.37
	西向	0.09
	北向	0.18
外窗太阳辐射修正系数		0.35
外窗传热系数(W/(m^2·K))		2.7
屋面面积(m^2)		683.85
屋面传热系数(W/(m^2·K))		0.49
外墙面积(m^2)	东向	286.8504626
	南向	1149.431869
	西向	286.8504626
	北向	1496.085925
外墙平均传热系数(W/(m^2·K))		0.47

建筑节能效果输出	
简单模式(仅考虑建筑体形影响)	
单位建筑能耗(W/m^2)	6.487225921
高级模式	
单位建筑能耗(W/m^2)	7.354987455
外窗传热量(W/m^2)	3.334525713
外墙及屋面传热量(W/m^2)	5.092625246
结果输出	
建筑能耗水平	1.317389836
建筑节能率	0.819982825

图 6-10　龙郡小区 14 号楼计算界面及输出结果

图片来源：作者自绘

现场能耗检测只是针对住宅采暖耗热量的计算值。另外，该设计系统是以建筑的理想模型为平台进行能耗模拟研究的，并没有考虑建筑物形体的复杂变化。此外，本研究在进行能耗模拟时选用的是天津典型气象年的气候资料，与实际的气候状况有一定区别，对建筑能耗状况有一定影响。

利用设计系统计算得出的能耗比值与实际检测得到的数值相比，泉水园 6 号楼与龙郡小区 14 号楼的能耗比与现场检测得到的能耗比相差很小，而柳林安置区 A1 号楼与新北家园 101 号楼的相差较大。分析这四栋住宅的建筑平面特征，后两栋住宅的平面是由两个

居住建筑节能体形优化设计系统

建筑基本信息输入	
建筑名称	柳林安置A1#
建设地点	天津津南区
建筑结构类型	剪力墙
建筑面积（m²）	23098.25
建筑层数	25
建筑层高（m）	2.9
体形系数	0.27
标准层面积（m²）	818.77
标准层平面长宽比	3.962
对应耗热量限值(W/m²)	12.7

建筑设计参数输入		
建筑平面形式[1]		1
组合平面等效长度（m）		56.95583148
组合平面等效宽度（m）		14.37552536
建筑高度（m）		72.5
窗墙比	东向	0.13
	南向	0.39
	西向	0.13
	北向	0.23
外窗太阳辐射修正系数		0.35
外窗传热系数（W/(m²·K)）		2.5
屋面面积（m²）		818.77
屋面传热系数（W/(m²·K)）		0.42
外墙面积（m²）	东向	906.7362622
	南向	2518.871647
	西向	906.7362622
	北向	3179.559293
外墙平均传热系数(W/(m²·K))		0.54

建筑节能效果输出	
简单模式（仅考虑建筑体形影响）	
单位建筑能耗（W/m²）	6.616814532
高级模式	
单位建筑能耗（W/m²）	6.580872696
外窗传热量（W/m²）	2.268990882
外墙及屋面传热量（W/m²）	3.467174575
结果输出	
建筑能耗水平	1.178734139
建筑节能率	0.818637367

图 6-11　柳林安置住宅 A1 号楼计算界面及输出结果

图片来源：作者自绘

居住建筑节能体形优化设计系统

建筑基本信息输入	
建筑名称	新北家园101#
建设地点	天津津塘沽区
建筑结构类型	剪力墙
建筑面积（m²）	9173.88
建筑层数	18
建筑层高（m）	2.8
体形系数	0.35
标准层面积（m²）	481.86
标准层平面长宽比	3.991
对应耗热量限值(W/m²)	12.7

建筑设计参数输入		
建筑平面形式[1]		1
组合平面等效长度（m）		43.85320125
组合平面等效宽度（m）		10.98802337
建筑高度（m）		50.4
窗墙比	东向	0.05
	南向	0.28
	西向	0.05
	北向	0.34
外窗太阳辐射修正系数		0.4
外窗传热系数（W/(m²·K)）		2.7
屋面面积（m²）		481.86
屋面传热系数（W/(m²·K)）		0.49
外墙面积（m²）	东向	526.1065587
	南向	1591.344967
	西向	526.1065587
	北向	1458.732886
外墙平均传热系数(W/(m²·K))		0.54

建筑节能效果输出	
简单模式（仅考虑建筑体形影响）	
单位建筑能耗（W/m²）	7.087072982
高级模式	
单位建筑能耗（W/m²）	7.967729491
外窗传热量（W/m²）	3.526104169
外墙及屋面传热量（W/m²）	4.863214163
结果输出	
建筑能耗水平	1.427141231
建筑节能率	0.780416904

图 6-12　新北家园 101 号楼计算界面及输出结果

图片来源：作者自绘

户型单元拼合而成且拼合有错落关系，其组合平面形状并不符合本研究中所涉及的 9 种平面形状，而前两栋住宅的平面形状均近似于长方形，故其计算得到的能耗比与实际检测的结果比较吻合。

从对比结论来看，“居住建筑节能体形优化设计系统”可用于建筑节能体形的优化设计，但是其所能计算的平面形状有待更新，单元拼合的塔式住宅的平面与能耗的定量关系有待进一步研究。

6.5　本章小结

为了验证建筑节能设计系统的可靠性，本章采用建筑能耗现场检测的方法，选择位于天津市的四栋住宅，进行能耗现场检测。四栋住宅分别选择 9 层和 10 层的板式住宅、25 层和 18 层的塔式住宅。能耗检测时，采用选择典型房间进行测试的方法，按照《居住建筑节能检测标准》JGJ/T 132—2009 的相关规定，主要对住宅的围护结构传热系数进行测定，同时对建筑热工缺陷、热桥部位内表面温度以及建筑气密性进行检测验证，然后根据节能设计标准中规定的建筑耗热量指标的计算公式，对四栋住宅的耗热量指标进行计算确定。

利用“居住建筑节能体形优化设计系统”，对四栋住宅的能耗情况进行比较，得出：平面形状近似长方形的两栋住宅的能耗比与通过现场检测得到的能耗比的数值相差很小，而平面形状为“双凹字形”和“双‘H’形”的塔式住宅的能耗比与现场检测得到的数据相差较大，同时，四栋住宅的绝对能耗相比实际能耗值要小得多。因此，可以判断，建筑节能体形优化设计系统在使用时有一定的局限性，当用于不同住宅的能耗对比时可靠性良好，可用于建筑节能体形优化设计，但用于建筑方案的实际能耗值计算时误差较大，不可用于对建筑实际能耗的计算。同时，该系统需要进一步研究，需要研究多单元组合的塔式住宅平面与能耗的定量关系。

第七章　结论与展望

7.1　研究结论

本书从目前居住建筑节能设计的实际状况出发，将理论分析、计算机模拟、实际工程检测等方法相结合，深入探讨寒冷地区居住建筑的能耗特点以及建筑设计参数与节能的定量关系，并在模拟实验的基础上开发出用于比较建筑能耗效果的软件。

(1) 在理论研究方面，本书首先总结和分析居住建筑节能设计的现状与发展，提出应在考虑冬季太阳辐射对建筑能耗影响的前提下，综合考虑所有环境因素，研究建筑体形设计参数与节能的定量关系。针对建筑设计的过程特点，优化建筑的相关设计参数对于提高建筑整体的节能效果有重要意义。

(2) 本书针对寒冷地区建筑节能设计的特点，提取出影响建筑能耗的建筑设计参数——平面形状、平面尺寸、建筑高度、体形系数以及窗墙比等，并在对天津市现有住宅调研的基础上，结合居住建筑设计相关规范，对各设计参数的取值范围进行确定。

(3) 对比常用的建筑能耗分析方法，从全面性、准确性及便捷性等方面确定采用计算机模拟的方法进行本书中的建筑设计参数与能耗的研究。对比主流的能耗模拟软件，DesignBuilder 相比其余同类型软件具有操作界面良好、能耗模拟功能强大、输出数据专业直观等优势。

(4) 在进行建筑能耗模拟时，为了简化模拟过程，能耗模型采用理想模型，针对不同的建筑设计参数，进行分步模拟，并在进行每一项模拟时，确定主变量因素及辅助变量因素，以充分研究建筑平面形状、平面长度、平面宽度、建筑高度对能耗的综合影响，采用单位建筑能耗指标对能耗模拟结果进行评价。

(5) 在进行能耗模拟时，按照不同的住宅类型进行模拟分析，得出：不论板式住宅还是塔式住宅，长方形平面的住宅能耗水平最低，住宅单位建筑能耗随着组合平面长度（面宽方向）及宽度（进深方向）的增大而减小，随着建筑高度的增大而减小，并会出现最小值，超过该值对应的建筑高度时，建筑能耗呈现增大趋势。根据能耗模拟的数据，分析得出表示各项参数与能耗定量关系的函数表达式。

(6) 鉴于各设计参数对建筑能耗的影响程度不同，采用统计软件对各变量进行方差分析，得出：在进行住宅节能设计时，对于低层、多层、小高层住宅，平面形状对住宅能耗的影响最大，其次是建筑高度因素，对能耗影响最小的为平面宽度、平面长度因素，故应重点进行平面形状的节能设计，其次选择具有节能优势的建筑高度，最后进行平面尺寸的确定。对于高层住宅，同样是平面形状对住宅能耗的影响最大，其次是平面长度、建筑高度因素，对能耗影响最小的是平面宽度因素，故应重点进行节能平面形状的设计，其次应分析平面长度、建筑高度的节能效果，最后确定具有节能优势的平面宽度。

（7）根据能耗模拟的结论，对建筑体形系数与能耗的关系进行分析，并对比以往研究中的相关理论成果，得出体形系数与建筑能耗的变化并无固定的比例关系。当考虑太阳辐射对建筑能耗的影响时，南向窗墙比偏大的住宅更具节能优势，得出：在平面面积与建筑体积相同的情况下，长方形平面的住宅比正方形平面住宅的能耗水平更低，体形系数与能耗成反比例变化关系。在不考虑太阳辐射的情况下，因建筑体量引起的体形系数变化，与随之发生的建筑能耗变化成正比例关系。另外，由于住宅能耗随高度变化时会有高度“临界点”，故在分析体形系数与能耗关系时，要考虑引起体形系数变化的因素，而作出不同的判断。

（8）运用数学统计的方法，对所有能耗模拟实验的数据进行整理分析，拟合出综合住宅平面尺寸、建筑高度与能耗的关系的函数表达式（式 5-5）。当确定了某个参数的取值范围时，会得出能耗最低的住宅体形，因此本研究提出了最佳节能住宅体形的概念。根据对天津地区住宅调研的结论以及住宅节地建设的相关规定要求，设定住宅平面面积和平面长度、宽度的取值范围，得到针对不同住宅类型的最佳节能住宅体形（表 7-1）。

最佳节能住宅的设计参数 **表 7-1**

住宅类型	低层板式（1～3 层）	多层板式（4～8 层）	小高层板式（9～13 层）	小高层塔式（9～13 层）	高层塔式（≥14 层）
住宅平面长度 a(m)	86.9	86.9	86.9	66.3	66.3
住宅平面宽度 b(m)	16.7	16.7	16.7	25.8	25.8
住宅建筑高度 H(m)	9	23.6	27	27.7	42
单位建筑能耗 Q(W/m^2)	5.790	5.545	5.550	5.827	5.857

表格来源：作者自绘

（9）以最佳节能住宅体形为参照，根据建筑设计参数与能耗的定量关系式，开发居住建筑节能体形优化设计系统，可用于建筑设计的各个过程，尤其是在方案设计阶段，能快速地了解建筑方案的节能效果，对比不同方案的节能优势。为了验证建筑节能设计系统的可靠性，本研究对既有住宅进行现场能耗检测，通过四栋住宅实际能耗比与系统能耗比的比较，验证了该系统具有一定的可靠性，可用于实际的设计工作中。

本书通过以上研究，主要有以下几点创新：

（1）在调研寒冷地区居住建筑节能设计研究发展的基础上，本书提出应在充分考虑太阳辐射对建筑能耗的影响的前提下，研究建筑设计参数与节能的定量关系，以对以往的相关研究成果进行修正和更新，对建筑节能设计标准的编制提供理论支持。

（2）本研究在提取影响节能的居住建筑设计参数的基础上，选用计算机能耗模拟的方法，在全气候条件下，对建筑的全年建筑能耗进行模拟，得出不同设计参数与建筑能耗的定量关系。由于充分考虑了太阳辐射对建筑的能耗影响、冬季采暖与夏季空调能耗的综合作用，本研究得到的结论与以往通过体形系数研究出的定量关系有所不同，更具有全面性。

（3）根据能耗模拟实验的结论，综合各个设计参数对能耗的影响，本研究运用多元函数拟合的方法，得到了表示建筑平面长度、宽度、建筑高度与建筑能耗综合关系的函数表达式。以达到最小能耗为标准，对得到的函数表达式进行最小值求解，得到各建筑设计参数的取值，并根据不同的住宅类型，提取出最佳节能住宅体形。针对窗墙比及建筑围护结构热工性能对建筑能耗的影响，对该节能住宅体形进行参数校正和约束。

（4）根据建筑设计参数与能耗的定量关系式以及最佳节能住宅体形，开发出居住建筑节能体形优化设计系统。通过输入建筑设计方案的各项设计参数，可以迅速得到该方案在理想状态下的单位建筑能耗值，进而可以对不同的建筑设计方案进行节能体形优选。

7.2 展望

本书主要研究了我国寒冷地区居住建筑设计参数与能耗的定量关系，在研究过程中，对于建筑设计参数的选取、能耗模拟地点的选择以及成果验证的现场能耗检测，均是以天津市为基础进行的工作。所以，本书得到的相关结论具有一定的地域限制，我国寒冷地区的范围比较广，各地的气象参数、建筑设计要求会有所不同。在提取影响建筑能耗的设计参数时，仅提取了几个主要的设计参数，而省略了诸如建筑层高等其他因素对能耗的影响。在能耗模拟实验中，应增加选择实验样本的数量，保证各项设计参数的连续性，以提高函数表达式的准确度。研究建筑设计参数与能耗的定量关系是一项复杂而综合的工作。

在本研究完成过程中，迫于时间和精力的限制，笔者舍弃了相对比较次要的因素，将本阶段的研究先行成文，并期待在下一阶段的研究中，对如下的几个方面有详尽的补充。

（1）分析影响建筑能耗的设计参数，包括建筑平面形状、平面尺寸、建筑高度、建筑层高、窗墙比、围护结构传热系数、采暖空调系统设计等因素。本研究主要针对建筑设计中与体形设计关系最为紧密的因素如平面形状、平面长度、平面宽度、建筑高度等进行住宅能耗模拟分析，仅从冬季采暖耗热量方面分析了窗墙比和围护结构热工性能与能耗的关系，也没有考虑建筑层高变化以及采暖空调系统变化对能耗的影响。所以，后期的研究中，在进行能耗模拟时，应把建筑层高、窗墙比、围护结构传热系数、采暖空调系统均设置为变量，研究出所有设计参数与能耗的关系，并得出各项参数值之间的相互影响关系。

（2）研究建筑平面形状与能耗的定量关系时，对于平面形状样本数的提取尚不能包含住宅设计中用到的所有类型，比如单元组合式的塔式住宅的“双凹字形”、“双‘H’形”平面，在后续的研究中需要更为全面地统计所有类型的平面形状，研究其与能耗的定量关系，并对“居住建筑节能体形优化设计系统”进行系统升级，使它的适用范围更广。

（3）本书仅研究居住建筑自身的参数与能耗的定量关系，对于建筑所处环境以及与周边环境的关系因素没有进行考虑。建筑在不同的气候条件下，采用不同的建筑朝向，能耗水平有不同的变化。所以，在下一阶段的研究中，将对寒冷地区不同城市以及不同朝向的住宅进行能耗模拟研究，完善居住建筑节能体形优化设计系统，保证该系统的广泛适用性。

（4）本书在对建筑节能设计系统进行验证时，选择进行能耗检测的四栋住宅为小高层和高层住宅，住宅平面仅有长方形平面，而缺乏对所有住宅类型的数据论证。故在后续研究中，在能耗现场检测阶段，需要提高住宅样本数量，应包含所有的住宅类型，使验证的结论更具有说服力。

（5）建筑节能设计系统的开发是以 Excel 软件为基础的，该程序单独使用时，智能性有所欠缺，也缺乏基本的程序界面，可操作的软件系统不具备不可更改性。故在后续工作中，需要重新进行建筑节能设计系统的软件开发工作，同时该系统应具备一定的数据库，对于部分设计参数，比如建筑围护结构传热系数，可以通过相关建筑围护结构材料的数据库，直接生成得到传热系数的数值。

参考文献

［1］ 王荣光，沈天行. 可再生能源利用与建筑节能 ［M］. 北京：机械工业出版社，2004.

［2］ 清华大学建筑节能研究中心. 中国建筑节能年度发展研究报告 2011 ［M］. 北京：中国建筑工业出版社，2011.

［3］ 中华人民共和国住房和城乡建设部. 民用建筑节能管理规定 ［S］. 2006.

［4］ 中华人民共和国国务院. 民用建筑节能条例 ［S］. 2008.

［5］ 中华人民共和国住房和城乡建设部. JGJ26—2010 严寒和寒冷地区居住建筑节能设计标准 ［S］. 北京：中国建筑工业出版社，2010.

［6］ 中华人民共和国住房和城乡建设部. JGJ134—2010 夏热冬冷地区居住建筑节能设计标准 ［S］. 北京：中国建筑工业出版社，2010.

［7］ 国外建筑节能技术及其应用 ［J］. 墙材与建筑装饰，2004（01）7-8.

［8］ G. S. Barozzi，M. S. E. Imbabi，E. Noble，A. C. M. Sousa. Physical and Numerical Modeling of a Solar Chimney-based Ventilation System. Building and Environment，1992（27）：433-455.

［9］ E. Kossecka. Heat Transfer through Building Wall Elements of Complex Structure. Archives of Civil Engineering. 1992（38）：117-126.

［10］ N. Bouchlaghem. Optimising the Design of Building Envelopes for Thermal Performance. Automat Constr，2000，10：101-112.

［11］ Collet F，Serres L，Miriel J，et al. Study of Thermal Behaviour of Clay Wall Facing South. Building and Environment，2006，41（3）：307-315.

［12］ Lollini，Barozzi，Fasano，etal. Optimisation of Opaque Components of the Building Envelope-Energy，Economic and Environmental Issues. Building and Environment，2006，41（8）：1001-1013.

［13］ Utama A，Gheewala S H. Life Cycle Energy of Single Landed Houses in Indonesia. Energy and Buildings，2008，40（10）：1911-1916.

［14］ 陈启高. 建筑热物理基础 ［M］. 西安：交通大学出版社，1991.

［15］ 俞力航，杨星虎. 多层住宅坡屋面保温层设计 ［J］. 保温材料与建筑节能，2000（1）：20-22.

［16］ 孙洪波. 夏热冬冷地区居住建筑单元西山墙遮阳隔热设计 ［J］. 工业建筑，2004，34（5）：24—26，29.

［17］ 薛志峰，江亿. 北京市大型公共建筑用能现状与节能潜力分析 ［J］. 暖通空调，2004，34（9）：8-10，24.

［18］ 江亿，薛志峰. 北京市建筑用能现状与节能途径分析 ［J］. 暖通空调，2004，34（10）：13-16.

［19］ 杨昭，徐晓丽，韩金丽. 太阳墙热特性分析 ［J］. 太阳能学报，2007，28（10）：1091-1096.

［20］ 杨昭，徐晓丽. 特朗勃壁温度场分析 ［J］. 工程热物理学报，2006，24（4）：568-570.

［21］ 徐晓丽. 建筑外围护结构热分析及人工冷源智能控制系统研究 ［D］. 博士学位论文，天津大学，2007.

［22］ 王沛，丁小中. 夏热冬冷地区建筑围护结构双面保温设计的构想 ［J］. 建筑节能，2008，4：33-35.

［23］ 桑国臣. 西藏高原低能耗居住建筑构造体系研究 ［D］. 博士学位论文，西安建筑科技大学，2009.

［24］ 于靖华，杨昌智，田利伟，廖丹. 长沙地区居住建筑外墙保温层最佳厚度的研究 ［J］. 湖南大学学报：自然科学版，2009，36（9）：16-21.

［25］ 于靖华，杨昌智，田利伟，廖丹. 夏热冬冷地区围护结构热工性能系统评价方法的研究 ［J］，湖南大学学报：自然科学版，2008，35（10），16-20.

[26] 万畅. 节能建筑围护结构设计与仿真应用研究 [D]. 硕士学位论文，武汉理工大学，2010.
[27] Masoud Taheri Shahraein，赵立华，孟庆林. 伊朗马什哈德地区多层住宅能耗研究 [J]. 科学技术与工程，2010，5：1287-1292.
[28] Arasteh D K，Reilly M S，Rubin M D. A Versatile Procedure for Calculating Heat Transfer through Windows. ASHRAE Transaction，1989，95 (2)：755-765.
[29] Versluis R，Powles R，Rubin M D，et al. Optics. 2002，LBNL report 52148
[30] Baird J. American Society of Heating Refrigerating and Air-conditioning Engineers ASHRAE Fundamentals Handbook. Fenestration，2001.
[31] Baird J. American Society of Heating Refrigerating and Air-conditioning Engineers ASHRAE Fundamentals Handbook. Fenestration，2001.
[32] Wright. Calculating the Central-glass Performance Indices of the Windows. ASHRAE Transactions，101 (1)：802-818.
[33] Bokel R M J. the Effech of Window Position and Window Size on the Energy Demand for Heating，Cooling and Electric Lighting. The 10th International Building Performance Simulation Association Conference and Exhibition，2007：117-121.
[34] 中华人民共和国国家质量监督检验检疫总局，中国国家标准化管理委员会. GBT 7106—2008 建筑外窗气密、水密、抗风压性能分级及检测方法 [S]. 北京：中国标准出版社，2008：11.
[35] 董子忠，许永光，温永玲，陈启高. 炎热地区夏季窗户的热过程研究 [J]. 暖通空调，2003，33 (3)：93-96.
[36] 董子忠，许永光. 窗户传热系数的简化计算方法 [J]. 新型建筑材料，2002，9：40-44.
[37] 张雯. 居住建筑外窗的节能设计研究——以杭州地区为例 [D]. 杭州：浙江大学，2003，10-30.
[38] 卜增文，毛洪伟，杨红. Low-E 玻璃对空调负荷及建筑能耗的影响 [J]. 暖通空调，2005，35 (8)：119-121.
[39] 杨云桦，狄洪发. 低辐射能玻璃窗的节能研究 [J]. 太阳能学报，2001，22 (3)：296-301.
[40] 解勇，刘月莉. 居住建筑使用遮阳卷帘夏季节能效果分析 [J]. 建设科技，2006，1：76-77.
[41] 简毅文，江亿. 窗墙比对住宅供暖空调总能耗的影响 [J]，暖通空调，2006，36 (6)：1-5.
[42] 方姗姗. 不同地区住宅建筑外窗节能研究 [D]. 湖南大学，硕士学位论文，2008.
[43] 王立群. 北方寒冷地区居住建筑外窗节能设计研究 [D]. 天津大学硕士学位论文，2007.
[44] The Ove Partnership. Building Design for Energy Eeonomy. The Pitlllan Great Britain，1980：101-105.
[45] Oktay Ural. Energy Resoureesand Conservation Relateto Build Environment. Miamibeaeh，Florida，1980：365-369，598-611.
[46] Dennis R. Landsberg. Ronald Steward. Improving Energy Effieieney in Buildings. State University of New York Press，1980：51-56，290-321.
[47] M. Santamouris，C. A. Balaras，E，Dasealaki，A. Gaglia. Energy Conservation and Retrofitting in Hellenie Hotels . Energy and Buildings，1996，24：65-75.
[48] P. C. Thomas，BhaskarNatarajan，5. Anand. Energy Conservation Guidelines for Government Offiee Buildings in New Delhi. Energy and Buildings. 1990/1991，15- 16：617-623.
[49] J. Haerl，R. Sparks，C. Culp. Exploring New Teehniques for DisPlaying ComPlex Building Energy Consumption Data. Energy and Buildings. 1996 (24)：27-38.
[50] 涂逢祥. 建筑节能经济技术政策研究 [M]. 北京：中国建筑工业出版社，1991 (5)：2-3.
[51] 魏积义. 中国建筑能耗现状及节能潜力 [J]. 沈阳建筑工程学院学报，1994 (2)：187-190.
[52] 郭俊. 方修睦. 嵩山小区的综合节能规划和设计运行 [J]. 暖通空调，1995，25 (2)：3-6.

[53] 杨红. 墙体传热系数及热工缺陷红外热像现场检测技术研究. 全国建筑节能检测验收与计算软件研讨会论文集. 2004：63-67.

[54] 马刚. 采暖居住建筑节能检测与分析 [D]. 哈尔滨工程大学硕士学位论文，2005.

[55] 田斌守，闫增峰. 建筑围护结构传热系数现场检测方法研究 [D]. 硕士学位论文，2006.

[56] 耿雷，秦宪明，诸葛顺金. 居住建筑节能现场检测技术及能效评价探讨 [D]. 2009，39：87-88.

[57] 李胜英，民用建筑节能检测技术应用研究 [D]. 天津大学硕士学位论文，2010.

[58] The Government's Standard Assessment Procedure for Energy Rating of Dwellings (2005 Edition). www. bre. co. uk/sap2005/cited 2008 20th July.

[59] 张泠. 建筑墙体表面换热过程辨识方法与数值预测方法研究 [D]. 湖南大学博士学位论文，2001.

[60] 张继良. 传统民居建筑热过程研究 [D]，西安建筑科技大学博士学位论文，2006.

[61] 郑忱. 寒冷地区住宅建筑的型体、参数与节能 [J]. 建筑学报，1983，08：29-32.

[62] 王丽娟，杨柳. 寒冷地区办公建筑节能设计参数与能耗的关系. 城市化进程中的建筑与城市物理环境：第十届全国建筑物理学术会议论文集. 2008：227-230.

[63] 王金奎，史慧芳，邵旭. 体形系数在公共建筑节能设计中的应用 [J]，低温建筑技术，2010，05：98-99.

[64] 马波，杨柳，黎文安. 围护结构设计参数对办公建筑能耗的影响. 城市化进程中的建筑与城市物理环境：第十届全国建筑物理学术会议论文集. 2008：231-234.

[65] 刘红. 重庆地区建筑室内动态环境热舒适研究 [D]. 重庆大学博士学位论文，2009.

[66] 付衡，龚延风，徐锦峰，金斯科. 夏热冬冷地区居住建筑体形系数对建筑能耗影响的分析 [J]. 新型建筑材料，2010，01：44-47，50.

[67] 王德云. 浅谈大开间、大进深多层住宅 [J]. 辽宁建筑，1995，01：10-13.

[68] 何妮娜，苑力群，苏莹. 寒冷地区住宅层高的探讨 [J]. 低温建筑技术，1996，01：15.

[69] ENERGY STAR. http：//www. energystar. gov/index. cfm? c=about. ab _ index/cited .

[70] 周辉，郝斌. 美国"能源之星"住宅性能标识 [J]. 建筑节能，2006 (8)：46-48.

[71] ENERGY STAR. http：//www. energystar. gov/index. cfm? c=bldrs _ lenders _ raters. nh _ IRC/cited，2008 9. 30.

[72] 绿色奥运建筑研究课题组. 绿色奥运建筑评估体系. 北京：中国建筑工业出版社，2003.

[73] 中国建筑科学研究院. GB 50378—2006 绿色建筑评价标准 [S]. 北京：中国建筑工业出版社，2006.

[74] 中国建筑科学研究院，GB/T 50362—2005 住宅性能评定技术标准 [S]. 北京：中国建筑工业出版社，2005.

[75] 陈岩松. 住宅建筑节能评价方法 [D]. 同济大学硕士学位论文，2003.

[76] 丁力行，李越铭，包劲松. 建筑节能综合评价指标体系的建立——以夏热冬冷地区为例 [J]. 建筑，2003 (12)：19－22.

[77] 傅秀章. 低能耗住宅的建筑技术与方法 [J]. 华中建筑，2004，22 (4)：76-78.

[78] 江亿，张晓亮，魏庆芃. 建立中国住宅能耗标识体系. [J]. 中国住宅设施，2005：10-13.

[79] 尹波. 建筑能效标识管理研究 [D]. 天津大学硕士学位论文，2006.

[80] 丛娜，吴成东，丁君德. 建筑节能综合评价指标体系. [J]. 智能建筑，2007 (9)：1672-1640.

[81] 杨玉兰. 居住建筑节能评价与建筑能效标识研究 [D]，重庆大学博士学位论文，2009.

[82] 薄海涛，建筑外墙外保温系统耐久性及评价研究 [D]，华中科技大学博士学位论文，2009.

[83] A Faist，F Hagen，N. Morel. An Expert System for Passive and Low Energy Building Design，Clean and Safe Energy Forever. Proceedings of the 1989 Congress of the International Solar Energy

Society，1990（2）：931-935.

［84］ Hanna Jedrzejuk，Wojciech Marks. Optimization of Shape and Functional Structure of Buildings as Well as Heat Source Utilization，Building and Environment，2002，37：1037-1043.

［85］ Florides G A，Tassou S A，Kalogirou S A，et al. Measures Used to Lower Building Energy Consumption and Their Cost Effectiveness. Applied Energy，2002，73（3-4）：299-328.

［86］ Weimin Wang，Hugues Rivard，Radu Zmeureanu. Floor Shape Optimization for Green Building Design，Advanced Engineering Informatics，2006，20：363-378.

［87］ Houcem Eddine Mechri，Alfonso Capozzoli，Vincenzo Corrado. USE of the ANOVA Approach for Sensitive Building Energy Design，Applied Energy，2010，87（10）：3073-3083.

［88］ 胡璘. 建筑平面、体形、朝向与节能［J］. 建筑学报，1981，06：37-41.

［89］ 冯永芳，向松林. 也谈建筑体形与节能［J］. 建筑学报，1983，08：33-35.

［90］ 蔡君馥等. 住宅节能设计［M］. 北京：中国建筑工业出版社，1991：10.

［91］ 宋德萱，张峥. 建筑平面体形设计的节能分析［M］. 新建筑，2000，03：8-11.

［92］ 房志勇. 建筑节能技术教程［M］. 北京：中国建材工业出版社，1997.

［93］ 宋德萱. 节能建筑设计与技术［M］. 上海：同济大学出版社，2003：07.

［94］ 王立雄. 建筑节能（普通高等教育“十一五”国家级规划教材）［M］. 北京：中国建筑工业出版社，2009：12.

［95］ 李德英. 建筑节能技术［M］. 北京：机械工业出版社，2006：05.

［96］ 王锦. 建筑方案创作阶段的节能构思［D］. 西安建筑科技大学硕士学位论文，2005.

［97］ 操雪荣. 居住建筑体形系数与建筑节能［D］. 重庆大学硕士学位论文，2007.

［98］ 王丽娟. 寒冷地区办公建筑节能设计参数研究［D］. 西安建筑科技大学硕士学位论文，2007.

［99］ 张恒坤，周异嫦，唐鸣放. 住宅建筑平面与体形的变化特点［J］. 重庆建筑，2008，03：

［100］ 刘加平，谭良斌，何泉. 建筑创作中的节能设计［M］. 北京：中国建筑工业出版社，2009：03.

［101］ 何秉辉，梁剑麟. 夏热冬暖地区住宅平面设计与空调能耗关系分析［J］. 南方建筑，2005，04：80-81.

［102］ 李兆坚. 我国城镇住宅空调生命周期能耗与资源消耗研究［D］，清华大学博士学位论文，2007.

［103］ 鲁慧敏. 寒冷地区居住建筑节能设计研究［D］，同济大学硕士学位论文：19.

［104］ 中华人民共和国建设部. GB 50176—1993 民用建筑热工设计规范［S］. 北京：中国建筑工业出版社，1993.

［105］ 中华人民共和国建设部. GB 50178—1993 建筑气候区划标准［S］. 北京：中国建筑工业出版社，1994.

［106］ 曹毅然，陆善后，范宏武，卜震，李德荣. 建筑物体形系数与节能关系的探讨.［J］. 住宅科技，2005（04）. 26-28.

［107］ 杨善勤. 民用建筑节能设计手册，北京：中国建筑工业出版社，1997-8.

［108］ 杨妩姗，王万江. 建筑能耗分析方法的探讨［J］. 山西建筑，2008，34（1）：246-247.

［109］ 陈华，涂光备，陈红兵. 建筑能耗模拟的研究和进展［J］. 洁净与空调技术，2003，03：5-9.

［110］ 潘毅群，吴刚，Volker Hartkopf. 建筑全能耗分析软件 EnergyPlus 及其应用［J］. 暖通空调，2004，34（09）：28-35.

［111］ 简毅文，王瑞峰. EnergyPlus 与 DeST 的对比验证研究［J］. 暖通空调，2011，41（03）：93-97.

［112］ 简毅文. 模拟软件 DeST 的可应用性分析［J］. 北京工业大学学报，2007，33（01）：46-50.

［113］ 燕达，谢晓娜，宋芳婷，江亿. 建筑模拟技术与 DeST 发展简介［J］. 暖通空调，2004，34（07）：48-56.

[114] Autodesk Ecotect Analysis. http://www.autodesk.com.cn/adsk/servlet/pc/index?id=15183807&siteID=1170359.

[115] DOE-2 REFERENCE MANUAL PART 1, U. S. DEPARTMENT OF COMMERCE, National Technical Information Service.

[116] DOE-2 REFERENCE MANUAL PART 2, U. S. DEPARTMENT OF COMMERCE, National Technical Information Service.

[117] 陈明群，吴祥生，付祥钊等. DOE-2 动态模拟计算软件在住宅建筑节能设计计算中的应用.

[118] Crawley D B, Lawrie L K, Winkelmann F C, et al. EnergyPlus: Creating a New Generation Building Energy Simulation Program. Energy and Buildings, 2001, 33 (4): 319-331.

[119] 王海燕. 复合墙体热工特性与能耗分析 [D]. 哈尔滨工业大学博士学位论文，2007.

[120] 李准. 基于 EnergyPlus 的建筑能耗模拟软件设计开发与应用研究 [D]，湖南大学硕士学位论文，2009.

[121] DesignBuilder. http://www.designbuilder.com.cn/.

[122] Drury B. Crawley, Jon W. Hand, Michaël Kummert, Brent T. Griffith, Contrasting the Capabilities of Building Energy Performance Simulation Programs. Building and Environment, 2008, 43 (4): 661-673.

[123] 天津市建筑标准设计办公室，DBJT 29-168—2007 围护结构外墙外保温构造. 2007.

[124] 朱昌廉，魏宏杨，龙灏. 住宅建筑设计原理 [M]. 北京：中国建筑工业出版社，2011. 06.

[125] 中华人民共和国建设部. GB 50096—1999 住宅设计标准. 北京：中国建筑工业出版社，2003.

[126] 中华人民共和国建设部. GB/T 50033—2001 建筑采光设计标准. 北京：中国建筑工业出版社，2001.

[127] 冉茂宇. 居住建筑最小窗面积及窗墙比的确定 [J]. 华侨大学学报（自然科学版），2000, 21 (04): 384-389.

[128] 中华人民共和国建设部. GB 50034—2004 建筑照明设计标准. 北京：中国建筑工业出版社，2004.

[129] 隋艳娥. 居住建筑节能研究 [D]. 西安建筑科技大学硕士学位论文，2005.

[130] 王殿池，杜家林. 天津《居住建筑节能设计标准》的特点 [J]. 天津建设科技，2005, 1: 12-14.

[131] 沈天行，孟涛. 建筑节能小区节能的定量评价方法. 中欧联盟建筑节能技术研讨会论文集. 1998.

[132] 沈天行. 光照环境的建筑节能 [J]. 建筑节能，2000, 4.

[133] 沈天行，王荣光. 天津谊景小区节能建筑热工性能现场测试与评价. 中欧联盟建筑节能技术研讨会论文集. 1998.

[134] 龙惟定. 我国建筑节能现状分析. 全国暖通空调制冷 2008 年学术年会论文集. 2008: 457-460.

[135] 谭蔚. 我国居住建筑节能的若干问题 [J]. 建筑技术，2005, 36 (9): 707-708.

[136] 赵西平，王景芹，吕玮，李上莹，寒冷地区既有居住建筑能耗现状分析 [J]. 西安建筑科技大学学报（自然科学版），2010, 42 (3): 427-436.

[137] 孙克放.《节能省地型住宅“四节一环保”技术体系》要点 [J]. 住宅科技，2007, 05: 80-81.

[138] 贾东明. 高层住宅节地研究 [J]. 建筑知识，2005, 25 (06): 6-10.

[139] 叶炯，张鸣，陈莉. 节能省地型住宅技术经济评价 [J]. 华中建筑，2009, 05: 157-162.

[140] 于振阳，王先. 商品住宅的进深、面宽、开间与容积率 [J]. 建筑创作，2003, 08: 114-117.

[141] 刘晓钟工作室. 我国大中城市中小套型住宅的节地性研究 [J]. 住宅科技，2008, 28 (08): 6-11.

[142] 倪锡清. 住宅合理面宽探 [J]. 住宅科技，1994，07：6-8.

[143] 张默新. 住宅空间和合理层高 [J]. 建筑学报，1993，03：23-23.

[144] 贾红，赵鹏，刘小云. 关于住宅建筑体形系数的分析 [J]. 成都大学学报（自然科学版），2008，27（02）：148-150.

[145] 黄炜. 建筑节能设计体形系数定义异议及修正建议 [J]. 建筑节能，2008，36（207）：19-21.

[146] 邹红波. 建筑节能体形的优化设计研究 [K]. 建筑节能，2007，35（201）：26-27.

[147] 刘仙萍，丁力行. 建筑体形系数对节能效果的影响分析 [J]. 湖南科技大学学报（自然科学版），2006，21（02）：25-28.

[148] 简毅文. 建筑形式对太阳能热利用的影响研究 [J]. 太阳能学报，2007，28（01）：108-112.

[149] 谭良才，杨洪兴，顾国维. 夏热冬冷地区窗户动态节能和经济性研究 [J]. 暖通空调，2004，34（08）：1-6.

[150] 董海荣，刘加平，杨柳. 多层住宅围护结构整体性保温的节能效应研究 [J]. 工业建筑，2003，33（10）：11-13.

[151] 徐浩，何磊磊. 建筑外围护结构综合节能技术 [J]. 门窗，2010，12：27-29.

[152] 黄恒栋，谯京旭. 室内采暖条件下围护结构（墙、屋顶）的保温控制与节能控制——建筑热环境与建筑节能研究（之四）[J]. 华中建筑，2004，22（06）：71-73.

[153] 胡平放，江章宁，冷御寒，向才旺. 湖北地区住宅围护结构与住宅能耗分析 [J]. 华中科技大学学报（城市科学版），2004，21（02）：69-70，74.

[154] 冯晶琛，丁云飞，吴会军. EnergyPlus 能耗模拟软件及其应用工具 [J]. 建筑节能，2012，01：64-67，80.

[155] 董海广，许淑惠. 北京地区窗墙比和遮阳对住宅建筑能耗的影响 [J]. 建筑节能，2010，38（235）：66-69.

[156] 龙恩深，付祥钊. 窗墙比对居住建筑的冷热耗量指标及节能率的影响 [J]. 暖通空调，2007，37（02）：46-50.

[157] 田琦，赵洪文. 建筑南窗的节能分析 [J]. 太原理工大学学报，2001，32（02）：189-191.

[158] 曹立辉，王立雄. 试论寒冷地区居住建筑中的合理开窗 [J]. 低温建筑技术，2005，04：85-87.

[159] 聂梅生，秦佑国，江亿等. 中国生态住宅技术评估手册 [M]. 北京：中国建筑工业出版社，2001：09.

[160] 聂梅生，秦佑国，江亿等. 中国生态住区技术评估手册 [M]. 北京：中国建筑工业出版社，2007：03.

[161] 段翔. 住宅建筑设计原理 [M]. 北京：高等教育出版社，2009.

[162] 天津市城乡建设和交通委员会. DB29-1—2010 天津市居住建筑节能设计标准 [S]. 天津：2010.